天下文化

BELIEVE IN READING

SIMMONS

席夢思

百年美眠巨擘傳奇

傅瑋瓊 著

目錄

序

前言

第一部　夢想

第二部　啟程

第三部　求精

第四部　價值

結語

序

創新與再創新

楊瑪利·《遠見雜誌》社長兼《哈佛商業評論》全球繁體中文版執行長

回顧歷史，人類文明的演進，往往是在某些關鍵時刻，出現劃時代的產物，推動前行。像是2007年問市的iPhone手機，就常為人津津樂道，推崇它改變了通訊產業的發展軌跡，並同時改變了人們的生活型態。

綜觀人類的歷史即可發現，不時就會出現一些石破天驚的變革，只是有些變革發生在許久以前，今天的人們早已習以為常，忽略了當年的創新其實非常不容易。在我眼中，符合這個條件的就是「床」的革命。

今天，絕大多數國人都睡在彈簧床上，卻不知道在一百多年前這是一項偉大的創新。這個創新的源頭就是今日享譽國際的品牌「席夢思」（SIMMONS）。

很少人知道，一百五十年前誕生的SIMMONS席夢思，改變了整個床墊產業發展的軸線，帶動人類睡眠文明隨之改變——否則，至今我們可能仍舊睡著乾草、木板疊放而成的床鋪。

從定義產業價值切入

剖析蘋果公司的成功之道，「創新」不可諱言是一個關鍵詞，而創新的機制與能力，在企業發展過程中所扮演的角色早已不言可喻。

SIMMONS席夢思的創新能力也不容小覷，她設計出全世界第一張沙發床、首創可持續散發負離子的床墊，早年更曾為美國海軍研發上、下鋪床，以提升軍艦的人員運載量。

甚至，SIMMONS席夢思很早就進行協同創新。協同創新的夥伴，包含顧客、合夥人、大學與研究團體等。1930年更資助美國梅隆工業研究所進行首項睡眠科學研究，1946年又成立睡眠研究基金會，從生理和醫學的角度，對睡眠進行客觀研究。

創業至今一百多年來，我們看到SIMMONS席夢思這家企業，從定義產業價值切入，從而完全改變了全球人類的睡眠體驗。

除了技術與設計創新，席夢思在品牌經營上，也有創新思維。

早在1920、1930年代，SIMMONS席夢思便藉由推薦式廣告，營造品牌定位，並從美國走向國際市場。1961年，凱爾曼（Herbert C. Kelman）又針對在廣告中使用代言人的現象進行研究。

1960年代，SIMMONS席夢思隨美軍征戰而進入台灣市場，採取品牌溢價策略，在原本消費者低度關心的床墊產業、一年僅七、八十億元的台灣市場上，塑造精品形象，提升消費者對床墊乃至於睡眠的重視。

持續再創新才能歷久彌新

同樣值得一提的，還有SIMMONS席夢思的「再創新」（reinvention）能力。

許多專利並非SIMMONS席夢思率先發明，甚或並非源自床墊產業，但是創辦人席夢思（Zalmon Gilbert Simmons）先生，以及繼之於後的領導者，卻能發掘其中商機，帶領SIMMONS席夢思成為第一家以機器大量生產彈簧床墊的公司、取得獨立筒袋裝彈簧七十年專利……，而他們結合彈簧科技與床墊設計所推出的BEAUTYREST獨立筒袋裝彈簧床墊，在1925年問世後便廣獲好評，即便在全球經濟大蕭條的1929年，銷售額仍達到900萬美元。

SIMMONS席夢思從1870年成立以來，經受兩次世界大戰的洗禮，依舊能夠歷久彌新的原因，我相信和他們創新與再創新的能力密不可分。即使走過一百五十年，SIMMONS席夢思早已在世界各地開枝散葉，擁有這樣的能力，相信還能再次走過下一個一百五十年。

序

鑄就百年基業的成長策略

彭朱如．國立政治大學企業管理學系教授兼企業管理研究所所長

源自美國的SIMMONS席夢思公司創立於19世紀末期，創辦人席夢思先生儘管遭逢美國嚴重的經濟衰退，但在短短二十幾年之間，SIMMONS席夢思即發展成為全世界最大的彈簧床墊製造商。

制定產品策略

有些關鍵成功因素，造就了這段期間的驚人成長。

首先是產品研發與品質優勢，透過持續的創新研發動能讓企業不斷開發新產品，除了透過工藝精湛及各項專利強化產品的獨特性，也因產品線廣度的持續擴充而滿足更多目標客群。

其次是生產方式的創新，在當時，普遍採用家庭手工製造床墊，SIMMONS席夢思卻引進機器大量生產，透過規模經濟降低成本，加速「彈簧床普及化」，這也是創辦人創業之初的願景。

20世紀初期，席夢思二世接掌企業，他推出「大床墊計畫」，收

購美國其他州及加拿大的床墊製造廠，除了站穩北美市場的龍頭地位，更積極開拓海外市場。

策略運作海外市場

1911年，產品首次出口；1914年開發及掌握海外各國的當地合作夥伴；1917年在各國設立公司，興建發貨倉庫；1938年成立「席夢思國際公司」，這時已經成為具有相當規模的全球化經營事業集團。

這段期間，席夢思的廣告策略，如：連結產品特性與心理學家對睡眠的專業見解、不斷推陳出新的廣告創意、政要名人代言，以及1964年推出體驗式行銷大型活動等各種手法，更是打造國際品牌知名度及促成國際市場成長的關鍵。

在亞洲市場方面，1925年進入中國大陸市場後於1941年因戰亂退出，1964年重返亞洲進入日本，正逢日本戰後工業及經濟發展復甦，加上對於全面品質管理的實踐，讓SIMMONS席夢思打下在亞洲市場的穩固基礎。

1987年，美國SIMMONS席夢思在日本的營運模式由直營轉為授權經營；1996年Nifco入主日本席夢思，致力於優化生產、倉儲、運輸配送、銷售效率，並拓展精品通路，在高檔地區開設旗艦店，透過「精、獨、上」策略，彰顯SIMMONS席夢思品牌的精品定位。

1998年，台灣SIMMONS席夢思公司成立，然而對於首任總經理曾佩琳女士而言，台灣市場卻是一條艱辛之途。

明確品牌正統與定位

在台灣子公司成立之前，產品是由進口商代理銷售，在當時高關稅、高匯率的年代，席夢思床墊被定位為高不可攀的奢侈品，子公司成立的前幾年，面臨高端市場規模小及代理商的競爭，於是日本總公司在2001年決定撤出。

當時，在總經理的爭取之下，終止代理商的總代理，改由台灣SIMMONS席夢思以自籌資本、自負盈虧的直接營運方式來經營。但接下來的幾年，卻又面臨消費者對品牌辨識模糊、中文商標正名、水貨搶食市場等多重挑戰。

然而，曾總經理一方面追查水貨來源、爭取總公司在出貨、提供台灣尺寸的支持；另一方面透過廣告宣傳正統、邀請媒體赴美直擊報導、鼓勵消費者求證真偽、廣開加盟專賣店、統一識別系統等。由於這一系列積極的策略行動，得以奠定席夢思在台灣市場的地位。

像SIMMONS席夢思這樣的百年企業，一百五十年來一路的成長策略軌跡，讓我們看到百年企業永續經營面臨的重重挑戰，也讓我們學習到在克服挑戰過程中所累積堆疊的堅強實力，這正是企業之所以能超越百年的核心競爭力！

在台灣SIMMONS席夢思總經理楊鎧嘉先生的大力邀請下，個人很榮幸得以先閱讀本書，並為此書撰寫推薦序，也期待本書能啟發更多企業經營者，深度思考如何成就自家企業的百年巨擘。

序

SIMMONS席夢思
——全方位品牌保護的模範生

蔡瑞森・理律法律事務所合夥律師

身為SIMMONS席夢思品牌的捍衛律師，以及相關商品的忠實愛用者，雖然沒有機會參與SIMMONS席夢思品牌的誕生，然而長期見證SIMMONS席夢思品牌的維護與成長，深深感受到家喻戶曉的百年品牌，除了保有商品品質及形象的優勢外，同時也是全方位品牌保護的模範生。

品牌全方位的保護乃是針對商標權、專利權、著作權、營業祕密，以及其他智慧財產權全盤考量。除了「SIMMONS」主要英文商標已經在美國、台灣及全球主要市場之國家或地區獲准註冊外，相關商品之個別品牌（諸如「BEAUTYREST」等）也相繼註冊為商標，受到各國法律的保護。為了避免相關商品的設計日後被抄襲，也提前布局於商品上市前設法申請專利加以保護。至於依法創作完成即受保護的著作權或營業祕密，則是依循當地國法律加以規劃維護。

當然，針對任何可能造成商標權識別性減損或有混淆之虞的商標註冊申請或使用，或未經授權使用SIMMONS席夢思品牌的商品介紹或廣告文宣、圖檔的行為，以及其他侵害智慧財產權之情事，採行適當的法律行動，更有利於品牌維護及市場行銷。

為正名鍥而不捨

SIMMONS席夢思品牌保護出現過的最大危機，莫過於「席夢思」中文商標的註冊保護。

中文商標通常是拓展包括台灣在內的華人市場的重要利器。尚未申請商標註冊前，「席夢思」其實早在華人市場成為「SIMMONS」英文品牌對應之中文品牌名稱，深植人心。無奈由於眾多消費者及企業的長期不當使用，「席夢思」曾經一度被商標主管機關及行政法院誤認為「西式彈簧鋼絲床」商品本身之說明或商品通用名稱，而無法取得於床墊相關商品的商標註冊。

由於曾有如此不利決定或判決之既存事實，造成社會大眾濫用「席夢思」，形成消費市場之混淆。幸而經過鍥而不捨地加強台灣市場推廣及法律層面之努力，第一件「席夢思」中文商標終於在2005月11日16日於台灣獲准註冊。

不過，令人遺憾的，至今仍有其他部分華人地區仍將「席夢思」誤當為一種「床墊」的通用名詞而影響到商標權利的取得，仍有待更積極地努力克服。

除此之外，若干未經授權的廠商擅自修改SIMMONS席夢思品牌床墊尺寸，破壞商品結構，造成消費者因使用商品所衍生的安全疑慮，也是多年來SIMMONS席夢思原廠與司法機關一再關切且適時採行法律行動制止的重點之一。

深深祝福與預期在各方面的努力下，SIMMONS席夢思將會開創另一個更受消費者喜好且為企業爭相學習的新紀元。

序

不變的初心
—— 讓更多人有能力買一個好眠

楊鎧嘉・台灣席夢思股份有限公司總經理

許多企業經營者或創業者，都期待公司及品牌能夠永續經營，站上各行業中的領頭地位；但事實上，在全世界能夠屹立百年以上並持續受到市場認同的品牌及企業仍屬鳳毛麟角。

一百五十年前札爾蒙・席夢思（Zalmon Gilbert Simmons）先生開始了床墊的生產、銷售事業，並許下「讓更多人有能力買一個好眠」的承諾；品牌發展至今累積了一百五十年的底蘊，「席夢思」奢華精品床墊的品牌形象已深植人心，甚至被《辭海》收錄成為彈簧床墊的代名詞。

SIMMONS席夢思一百五十年來不管公司股權如何變動，市場拓展到哪一個國家，除了不斷因應競爭環境與各地消費者需求差異，調整經營模式及商品開發策略以符合本地市場需求之外，全球各個席夢思公司的經營者一貫秉持「讓更多人買得起一張舒適好眠床墊」的品牌承諾。

不斷優化企業與品牌經營，才是SIMMONS席夢思能成為全世界消費者所期盼之床墊品牌的主因。

全面落實創新精神

為了盡可能達到品牌的核心承諾，SIMMONS席夢思公司還將「創新」內化為企業經營的精神；這種創新精神，不僅只著重在產品開發的層面而已，還同時在床墊材料開發、產品設計、生產技術與設備及行銷廣宣等，追求全面性的優化創新。也因此才能在不同時代的市場競爭中，依舊受到社會各階層人士的喜好。

在1987年由日本SIMMONS席夢思接手「席夢思」亞洲地區23個國家的經營，為了能最大化滿足亞洲地區挑剔的消費者，在產品開發製造上更注入了「堅持、講究」的日本工匠精神。

這些與時俱進的調整與優化，就是希望不放過任何一個會影響顧客品牌體驗的細節，盡力達成品牌「讓更多人有能力買一個好眠」的承諾。

解決睡眠問題在現代化社會中已成為一門顯學，連帶提升一般人對睡眠與床墊的關注度。2020年適逢席夢思品牌一百五十年週年慶，天下文化財經企管叢書系列，以台灣文化人的角度解析國際品牌的企業及品牌經營know-how，出版了本書《席夢思：百年美眠巨擘傳奇》。

作者謹慎考證並採訪SIMMONS席夢思公司的相關人員，取得了第一手的資料。有別於一般商業叢書艱澀的文章，以敘事方式撰寫，希望一般讀者能在輕鬆氛圍下，深入了解百年席夢思的品牌內涵，並開始注重自己的睡眠品質及床墊選擇問題。另一方面，也希望本書對台灣的品牌經營者，能有一些參考的價值，期盼有更多優質企業、品牌，一起來滿足消費者的商品需求。

前言

人類睡眠大翻身

那是星期天的上午，一半的巴爾的摩人在教堂裡，另一半，在席夢思上。

——余光中《黑靈魂》

詩人的散文，生動地點出了一張好床墊的影響力。人的一生，有長達三分之一的時間，必須花在「躺著睡覺」這件事情上。一張讓人依戀、擁有好眠能力的床，至關重要。

數千年來，人們從睡在泥地的乾草堆上，演進到在木板上鋪著草蓆，仍忍受著輾轉難眠的痛苦，直到彈簧床墊發明並大量生產之後，人們的生活方式從此改變。

從無到有
——改寫舒眠定義

改寫歷史的先驅者，是席夢思公司的創辦人席夢思（Zalmon Gilbert Simmons）。席夢思在19世紀末掀起睡眠革命，如果不是他，大多數人們至今仍將睡著硬木板床、榻榻米，無法輕鬆安睡在舒適柔軟的彈簧床上，沉浸綺麗夢鄉，夜夜好眠。

發源自美國，聞名全球，歷經兩次世界大戰的洗禮，始終屹立不搖長達一百五十年，「席夢思」（SIMMONS）儼然已成為彈簧床墊的代名詞。

創辦人席夢思與接班的席夢思二世，憑藉高瞻遠矚的創業家精神，勇於創新，決定製造機器大量生產，以規模化降低成本，因而打開彈簧床墊的市場需求，「睡眠」開始形成一種產業，幫助人們實現「好好睡一覺」的夢想。

持續精進
——百年企業改寫歷史

席夢思公司不但由原本的一間小型乳酪木盒工廠，轉型變成世界上最大的床墊製造商，更致力追求創新科技的極致工藝，讓原本只在鐵達尼號等豪華郵輪上出現的高貴袋裝獨立筒彈簧床，創新製成BEAUTYREST獨立筒袋裝彈簧床墊品牌，獨家享有全球七十年專利。

翻開百餘年的歷史，席夢思公司除了打造出前所未有的BEAUTYREST獨立筒袋裝彈簧床墊品牌，並結合機器化大量生產，從此改變了人類的睡眠習慣。他們創造經典傳奇、基業長青的關鍵，還包括全球在地化布局、不斷創新科技，以及獨特的行銷策略，每一項關鍵要素都推升「席夢思」品牌在一百五十年的發展中，屢屢為時代寫下動人的軌跡。

史冊留名
——工藝能力縱橫民生與軍事領域

細數席夢思公司的過往，創造了床墊業許多「第一」的成就，如：機器化生產彈簧床墊的第一家公司、唯一以品牌名由《辭海》收錄為床墊代名詞、第一張沙發床設計者、曾獲世界專利長達七十年的獨立筒袋裝彈簧、首創負離子床墊，以及第一個被美國國家歷史博物館（簡稱史博館）收藏的床墊品牌等。

席夢思公司精湛的工藝，還有不為人知的成就，就是參與許多美

SIMMONS
席夢思
SIMMONS
SIMMONS

國政府的軍事專案。

回溯當年戰爭期間，席夢思公司製作的軍事用品項目高達兩千七百多項，包括：迫擊砲彈、反坦克火箭炮筒、燃燒彈、炸彈、榴彈發射器、降落傘等；此後，像是擔架、病床、醫藥箱、櫃子、帳篷、防毒面具，以及空投炸彈與運送食品、藥物、彈藥用的降落傘等用品，乃至高度機密武器供應，席夢思公司的產品也一一在列。

譬如，美國海軍要用艦艇運送大批部隊軍士官兵上前線，席夢思公司便為海軍研發出一種架在船地板到天花板之間的上下鋪床（bunk bed）、三層床等，提升軍艦的人員運載量。

軍事用品的規格要求向來高於一般，從床墊到軍需用品，席夢思公司憑藉創新的研發與製造能力，贏得美國政府與軍事單位的肯定。

布建台灣市場
——品牌落地三大關卡

「席夢思」的品牌旌旗，在20世紀初葉，從太平洋的彼岸，飄向亞洲。

1960年代，席夢思床墊隨著美軍征戰帶入台灣市場；1970年代末，「席夢思」優質的品牌印象，在台灣民眾心中逐漸成形；直到21世紀初，日本席夢思布局亞洲，在新加坡設立的「席夢思（東南亞）有限公司」（Simmons S.E.A）之下成立台灣分公司，台灣席夢思透過一連串全面的市場策略，在這片土地上，一舉成為床墊領導品牌。

品牌享有讚譽全球的響亮名聲，原本應該是台灣席夢思大展鴻圖、迅速在台灣市場建立橋頭堡的利器。沒想到，「席夢思」的名氣竟意外變成品牌落地台灣市場的關卡，因為，《辭海》將「席夢思」Simmons這個英語的音譯中文，定義為「精製的彈簧鋼絲床」。

該如何「正名」，將「席夢思」的廣義意涵，還原集中為品牌印象和商標，這是第一道難關。

第二道難關是，如何突破被當成「墊腳石」的市場現實，建置更有效益的銷售管道。當時，床墊市場還處於混戰的局面，台灣席夢思以嶄新的專賣店模式，在台扎根、打開市場，後來更引動業界競相效仿。

然而，上天給台灣席夢思的考驗，並沒有就此結束。如何戰勝平行輸入的水貨，是第三道難關。

儘管前行的路荊棘遍地，台灣席夢思團隊邁開大步，建立優勢，終於奠定「席夢思」在台灣頂級床墊品牌的地位。

持續翻新一百五十年
——讓床墊產業變成顯學

在成功打開市場占有率之後，面對台灣兩千三百萬人、一個並不算大的市場，如何開發更多商機、強化品牌魅力，這是所有抱持著永續經營理念的品牌經營者，都會遇到的共同課題。

對於台灣席夢思而言，這也是一個精采的故事。

從定義產業價值切入，讓床墊產業變成顯學，並結合睡眠醫學、生活品味，全面擴散影響力，台灣席夢思的「領導品牌」之路，值得一探究竟。

第一部

夢想

讓更多人有能力買一個好眠。

Millions of people would make every effort to
buy a good night's sleep.

——札爾蒙・席夢思（Zalmon Gilbert Simmons）

1 啟動睡眠革命

19世紀中、後期，美國歷史上最大內戰——南北戰爭剛結束，經濟迅速發展，數以百萬計的移民遠從歐洲到美國尋夢。大量的重工業，例如：鐵路、製造工廠、採礦業等，飛速發展，加速鋼鐵時代的來臨。

拜鋼鐵生產技術演進之賜，鋼絲網、彈簧等創新產品，在這段時期大量問世，和睡眠、居家有關的床架及家具等，也開始運用大量金屬產品。美國人的生活，產生革命性改變。

其中一項改變，是床的工業應運而生。美國開始出現專門製造彈簧床的公司，打開了前所未有的「床市場」。

1895年，世界最大彈簧床製造商誕生。這位引發人類睡眠史重大改變的製造商，是原本擔任教師的席夢思。

員工變老闆
——挑戰嶄新人生

威斯康辛州在1848年加入美國聯邦，機會和希望帶來一波波移民潮。住在鄰州的席夢思，懷抱著夢想，加入了這股移民潮。他毅然辭掉教師工作，帶著僅有的2.5美元，來到密西根湖畔的美麗城市基諾沙（Kenosha），進入當地百貨業的先驅多恩（Doan）百貨，挑戰嶄新人生。

到職沒多久，席夢思就收到老闆多恩（Seth Doan）指派的任務：催收一筆18美元的債務。那位債務人擺明不願還錢，甚至揚言要遠走高飛。

「一定要趕在他離開前收到帳款！」席夢思得知消息後，連夜徒步數公里，天還沒亮就抵達債務人的住處。

看到他出其不意現身，債務人大吃一驚，但仍然堅持：「我還不出錢。」

「還不出錢？」席夢思不相信，持續與債務人談判，轉眼到了中午用餐時間。對方二話不說，拋下他，逕自去吃午飯，以為他會知難而退。

未料，席夢思寸步不離在原地等候，並明白地說：「我會徹夜堅守，不會放棄；如果你們要離開，我也要親眼看著你們走。」

債務人心生一計，指著遠方的一座牧場說，「你去那裡抓一頭牛，以牛抵債。」

席夢思當然看得出來這是在耍賴，但他依言前往牧場，徒手奮戰五個多小時，終於抓住一頭公牛。

當席夢思騎著牛回到基諾沙，已經是半夜十一點，趕在肉鋪關門前，把牛賣給屠夫，換得一筆錢，完成老闆交辦的任務。

「這個年輕人認真做事、鍥而不捨的態度和使命必達的毅力，非常可取，」多恩對他讚許有加，賦予席夢思重任，管理一整間百貨商店；兩年後，年方二十三歲的席夢思更進一步買下多恩百貨，由基層員工變身老闆，原本口袋僅有2.5美元現金，短短幾年資產就翻了數千上萬倍，獲得豐盈人生的第一桶金，推升他的事業攀上高峰。

專利抵壞帳
——床墊王國萌芽

席夢思先後擔任威斯康辛州電報公司、基諾沙第一國民銀行、基諾沙－羅克福德－岩島鐵路（Kenosha, Rockford & Rock Island Railroad）總裁，並且被推派為州立法機構成員，以及基諾沙市市長，成為基諾沙具有影響力的重要人物。

當時，威斯康辛州的農民開始把注意力轉向乳酪製造業務。眼光獨到的席夢思看好它的利潤豐厚，再加上年少時在家鄉曾經體驗美好的農場生活，因此將事業觸角延伸至生活產業，旗下擁有乳酪加工廠、乳酪木盒工廠，以及一家販售牛奶、乳酪製品與其他日用品的鄉村商店。

有位顧客欠了鄉村商店一筆帳款，無力償還，面有難色地問席夢思：「我有編織鋼絲彈簧床（woven wire mattress，以下簡稱彈簧床）的專利，可以用來抵債嗎？」他回想，過去收帳時也曾有「以牛抵債」的經驗，因此同意客戶以專利權支付那筆壞帳。

誰也想不到，因為這項專利的取得，床墊王國從此萌芽。

掌握契機
——在對的時刻推出產品

剛取得彈簧床專利權的席夢思，並未貿然投入彈簧床的生產。

做為一位成功的企業家，他對於消費者需求非常敏感。

當年，彈簧床全靠人力以手工製作，多工且耗時費事，產量有限。物以稀為貴，一張彈簧床售價高達12美元，相當於那個年代一位勞工工作80小時的工資，幾乎是他三分之一的月薪，能夠買得起的多是富賈仕紳，對勞動階級和市井小民來說，是可望而不可即的奢侈品。

所謂「編織鋼絲彈簧床」，英文名稱裡雖有「床墊」(mattress)字眼，但其樣貌與現代有所不同。在當時，它是以鋼線織成薄薄的一張網狀物，做為底部的支撐，通常會另外鋪上一層舒適的布製品，如：棉花墊，人再躺臥於其上。

1870年，席夢思率領九位員工，手工製造出世界第一張彈簧床。對比現代人所使用的彈簧床，內為獨立筒袋裝彈簧或連結式彈簧，這張手工彈簧床用的是以直立方式組裝於床墊中的螺旋彈簧。在彈簧床之後，螺旋彈簧床是人類再一次改變世界的偉大發明。

取得彈簧床專利權後的席夢思，在心中醞釀出一個美好的願景：「如果人人都能負擔得起舒適、好睡的床，數百萬人會盡一切努力買一個『好眠』。」他開始積極思考，如何讓彈簧床普及化。

1870年代，九位工匠以手工製造出第一張彈簧床墊。

契機終於來臨。

機器取代手工
——彈簧床首度量產

喜歡吸收新知的席夢思，有天在報紙上看到一篇報導 —— 康乃狄克州一位新英格蘭後裔，發明了可以大量生產彈簧床的機器。

他腦海中快速思考：若能用機器大量生產，彈簧床價格一定會大幅降低，更多人可以買得起一張好床。

擁有製造業經驗的席夢思，深知機器化生產的效益可觀，他馬上聯繫發明家，洽購機器專利權。

沒多久，生產彈簧床的新機器，成功改良製造完成。1876年，席夢思取得鋼絲彈簧機器的專利，第一張用機器生產的彈簧床問市，從此啟動前所未有的睡眠產業革命。

席夢思以旗下的乳酪木盒工廠為基地，投入鋼絲彈簧機器及彈簧床的生產，並且逐漸將生產型態轉為專業的彈簧床製造工廠，於1884年正式成立「西北鋼絲床墊公司」（North Western Wire Mattress

Company），全球第一家大規模生產彈簧床的廠商就此誕生。

從此，彈簧床技術一再精進，讓西北彈簧床從1890年開始，每天可生產1,500張彈簧床。

產量有效率且穩定增加，機器化生產的彈簧床不僅逐漸取代手工製品，而且壓低了製造成本，使得彈簧床價格逐年下降。

相較於十幾年前彈簧床一張12美元的「高貴」價格，這時，已降至不到1美元（95美分）—— 以當時的勞工平均工時計算，人們只要花三個小時的工資，就能買到一張彈簧床。

彈簧床的大眾市場，就此打開。席夢思心中「讓更多人有能力買一個好眠」的願景，終於實現。

從首創到最大
——持續創新，擴大品項

席夢思公司在家居寢具產業持續創新，擴大品項，「西北鋼絲床墊公司」的名稱與實際從事的業務內容已不相符，因此在1889年更名為「席夢思製造公司」（Simmons Manufacturing Company），並宣告未來將不只生產彈簧床。

「我們是全世界最大的彈簧床製造公司！」席夢思製造公司在1895年的產品目錄上，自豪地寫下這句話。

在1892年至1897年之間，「席夢思」每一次的創新，不僅打開了人們對於「床」的想像，也見證了「彈簧床」在人類文明上留下的開創性印記。

例如，陸續問市的新產品，包括：專為孩童研發的摺疊床、木製搖籃和嬰兒床，以及鐵床和黃銅床等。尤其，1897年開始產製的黃銅床，價位從15美元到500美元不等，是「席夢思」在19世紀末相當成功的產品項目之一。

逆勢成長
——精益求精，締造傳奇

儘管當時美國遭逢第一次嚴重的經濟衰退，進入經濟恐慌時期，數以千計的美國企業縮減規模或關閉，但席夢思公司卻增加馬力，擴大生產和就業，銷售額節節升高。1899年的營業額，即首度突破百萬美元大關，立下輝煌的里程碑。

探究「席夢思」具有驚人的逆勢成長爆發力原因，來自於對彈簧床工藝的精益求精。

在「席夢思」的企業刊物中，如此記載這段時期工廠當中的忙碌景象：

「每天，從密西根湖而來的船舶，以及自各地而至的火車、卡車，絡繹不絕載運大量的原材料，包括：占地九十幾公頃的木材、五百多公噸的黃銅、一萬七千多公噸的鐵……

「轟隆隆的機械運轉聲，從早到晚不絕於耳，17座蒸汽鍋爐的熱氣不斷冒著白煙；一個挨著一個的工人們，每天忙不迭地完成500張黃銅床、36,000張鐵床、2,400張線圈床、1,500張彈簧床、800張沙發和幼兒床、200張嬰兒床和1,000張折疊椅……

「在密西根湖畔，15條鐵軌並列，滿載的車箱儲放著包裝完好的成品，每天一船一船、一列一列、一車一車，川流不息向外輸送。」

從取得彈簧床專利開始，「席夢思」為睡眠產業締造驚人傳奇，成為扭轉人類歷史的彈簧床市場先驅者。

2 發明大王愛迪生也著迷

廣告裡，一幅手繪的BEAUTYREST獨立筒袋裝彈簧床墊結構示意圖，畫出個別獨立袋裝彈簧的設計。

超過625個靈敏的獨立筒彈簧，讓人躺在床上時，能依照每個人獨特的身體曲線變化，達到舒適、堅穩的支撐；加上側邊8個通風口，讓內部保持鮮活的空氣，厚厚的棉花層形成豪華的承載墊，讓每一吋肌膚和精神都能得到放鬆與休息。

1926年3月，在暢銷雜誌《女士之家》(*The Ladies' Home Journal*)上，席夢思公司用顯著的廣告版面，呈現劃時代產品BEAUTYREST獨立筒袋裝彈簧床墊的創新之處。

在席夢思公司創造的經典傳奇中，最受全球矚目且影響長遠的，莫過於這個家喻戶曉的BEAUTYREST獨立筒袋裝彈簧床墊。

床墊中的祕密
——完美支撐人體的獨立筒彈簧

在廣告刊出的前一年，席夢思公司成功研發一項獨門技術，讓床墊裡每個彈簧都能個別獨立運作，使身體每個部位都有專屬的彈簧撐托，更符合人體工學。以這項技術打造的產品，就是在同年上市的BEAUTYREST獨立筒袋裝彈簧床（編按：關於獨立筒的創新發明與科技，將在第三部解密）。

即便一張標準的BEAUTYREST獨立筒雙人床墊售價高達39.5美元，是當時最受歡迎的The ACE系列彈簧床墊的兩倍，但該廣告成功地呈現了它的獨特價值。從BEAUTYREST獨立筒袋裝彈簧床墊正式推出，到刊登這頁廣告，不過八個月，廣告中以數字為證，指出美國人的睡眠習慣已經因此改變：

> 1924年全年，美國女性在化妝品的消費金額高達8億5,000萬美元，但花在床墊上的金額只占化妝品的十二分之一，僅有7,000萬美元。這種趨勢，在1925年翻轉，因為一項全新的、獲得專利的超級床墊——「BEAUTYREST獨立筒袋裝彈簧床」科技問市。

伴隨廣告同時出現的，還有知名心理學家柯瑞特（Isador Coriat）博士對睡眠的見解：

肌肉緊張時，會不斷傳遞訊號，刺激大腦保持清醒；當肌肉放鬆，則會停止釋放那樣的脈衝，不再刺激大腦，我們也才得以入眠。

BEAUTYREST獨立筒袋裝彈簧床墊的銷售額，在1927年即創下300萬美元的驚人成績，隔年更迅速翻倍成長至600萬美元；縱使面臨經濟大蕭條，仍舊不受景氣衰退影響，到1929年大幅成長至900萬美元。

為了大力推廣BEAUTYREST獨立筒袋裝彈簧床墊，再加上席夢思二世本人常為失眠所苦，於是委託美國俄亥俄州州立大學教授、心理學博士強生（Harry M. Johnson），就睡眠品質和床墊之間的關係進行睡眠動態研究。

強生博士在位於美國賓州匹茲堡的梅隆工業研究所（Mellon Institute of Industrial Research）實驗室，進行長達六年的實驗觀察，他利用一台攝影機及一架可將睡眠者移動次數記錄在圖表上的儀器，翔實記錄受試者在八小時睡眠時間內，變換睡姿的次數。

1931年，強生博士發表研究報告，發現：

...RY FORD, in an interview by Allan L. Benson, ...: "I go to bed about 9 o'clock every night. I ... up at 6 in the morning. I sleep about 6 hours, ... am in bed nine. If I do not live to be 100 it ... be my own fault." Surely most of us would be ...ter off, both mentally and physically, if we ...owed this sound advice of Henry Ford.

COMMANDER BYRD, when interviewed by Fitzhugh Green, said, upon being asked what he relied on most to help him stand the terrible strain of a long flight: "Proper sleep and exercise in the weeks preceding that flight. For it is during sleep that the body renews the vitality which its owner has so extravagantly used during the day."

FRANK O. LOWDEN, ex-Governor of Illinois, in an interview by Cornelius Vanderbilt, Jr., said: "The old theory that one requires less sleep as he grows older is unsound, so far as my experience goes. I require as much sleep now as ever. No matter what else I must forego, my sleep is the last thing I sacrifice, even in the greatest emergency."

CYRUS H. K. CURTIS, founder of the Curtis Publishing Company, said, when interviewed by Cornelius Vanderbilt, Jr.: "Sound sleep I believe to be worth all the medicine in the world. Without sleep it is absolutely impossible for the younger generation to get ahead—or for the older generation to keep in the game of life."

GUGLIELMO MARCONI, when interviewed by the Princess Carlos de Rohan, said: "I believe in sleep. It inspires me. Rest and sleep. My doctor cares more about my sleeping than anything else I do or do not do. Active brains need plenty of sleep. And the quality of sleep is as important as the quantity. It should be restful."

H. G. WELLS, famous English author, said ... interviewed by Audrey Scott: "I don't mi... Napoleon said about six hours for a man, ... a woman and eight for a fool—I want eigh... of dreamless, motionless sleep and I can... without it. If I do not get that allowance, th... few days, my nerves and mind are threa...

NTERVIEWED ABOUT SLEE

Each says proper rest KEEPS HIM FIT

「席夢思」風靡名人圈。圖中由左至右依序為汽車大王亨利‧福特、美國海軍將領伯德（Richard E. Byrd）、美國伊利諾州前州長洛德（Frank O. Lowden）、柯蒂斯出版公司創辦人柯蒂斯（Cyrus H. K. Curtis）、無線電之父馬可尼（Guglielmo Marconi）、英國知名作家威爾斯（H. G. Wellls）。

人們在每晚八小時的睡眠中，平均變換睡姿至少35次，很少保持一個姿勢超過五分鐘。而且，睡眠中改變姿勢，是必要的生理反應，適度變換睡姿反而能讓身體放鬆；反之，睡覺時一動不動，不見得是最安定的睡眠品質。

這個結果為當今睡眠科學研究，奠下基礎。

強生博士在進行睡眠設備結構調查時，得出結論：

內裝彈簧結構的彈簧床墊，讓人們放鬆的效果最好，且彈簧愈多愈好，特別是能夠獨立運作的BEAUTYREST獨立筒袋裝彈簧床墊，最有利於安枕而眠。

風靡名人圈
——總統夫人公開讚賞BEAUTYREST

BEAUTYREST獨立筒袋裝彈簧床墊有助放鬆，讓人在好眠中補足一天所需元氣，自然也吸引名人政要嘗試。

時值「咆哮的1920年代」（Roaring Twenties），美國人的生活有了天翻地覆的變化。無數對後世具深遠影響的發明創造紛紛出現，人們在工作和家務之外，變得有餘裕享受生活、重視品味，許多家庭開始購入第一台汽車、收音機、冰箱，當然也少不了第一張BEAUTYREST獨立筒袋裝彈簧床墊。

多位名人都為「席夢思」代言，例如：發明家愛迪生、劇作家蕭伯納等人，都出現在整版的廣告上共同見證。

其中，也包括美國第三十二任總統羅斯福的夫人愛蓮娜。

「那是世界上最奇特的床墊，真的，我從未體驗過如此舒適的感覺！」愛蓮娜對席夢思公司推出的新品非常滿意，甚至在廣播節目中親自發聲，公開讚賞BEAUTYREST獨立筒：「一旦嘗試睡過這張床，你就不會想睡其他床墊。」

愛蓮娜不僅是總統夫人，也是紐約州民主黨委員會成員，知名度遍及全美。她擅長居家住房的改造、布置，注重優質生活。在她位於紐約市東六十五街的寓所臥房內，就有一張BEAUTYREST獨立筒袋裝彈簧床墊。

由於產品設計的創新思維，以及創新的名人代言行銷手法，BEAUTYREST獨立筒袋裝彈簧床墊快速成為火紅商品。而隨著「席夢思」積極走向海外市場，「BEAUTYREST」這個新崛起的商標，也以精緻頂級的象徵，風靡全球。

從美國白宮、法國遠洋輪船S.S.諾曼第號、英國瑪麗皇后號，到布宜諾斯艾利斯、上海、哥本哈根、倫敦、巴黎和奧斯陸等國際城市的五星級酒店，紛紛選用「席夢思」的BEAUTYREST獨立筒袋裝彈簧床墊。

BEAUTYREST獨立筒袋裝彈簧床墊成為席夢思公司營運主流及獲利來源。1936年，累計產銷250萬張；到了1946年，締造了近500萬張的輝煌紀錄。

時代的見證
——入列國家博物館典藏

2006年，美國首府華盛頓的史博館，推出「床的演進史」展覽，「席夢思」是展覽中唯一的床墊品牌。

在史博館檔案中心，有個特別的典藏 —— 自1892年到2000年間，席夢思公司逾百年的歷史文物檔案。

收藏的史籍文物，包括：席夢思公司及席夢思家族的新聞報導，機器設備、工廠廠房、工人和產品的照片，也有財務審核報告、專利證明，以及各時期進行的睡眠研究。

能被國家歷史博物館審核並收藏，都是最能代表美國的歷史文物。入列美國史博館典藏，見證著「席夢思」對時代的深遠影響。

3 一張2美分郵票，打開海外布局

翻開中國辭典權威《辭海》，赫然可見「席夢思」一詞。

《辭海》是中國最大的綜合性辭典，匯集上百年、幾世代學者的心血結晶，以專業與嚴謹的編纂著稱。專家將「席夢思」這個英語Simmons的音譯中文，定義為「精製的彈簧鋼絲床」。可見，早年在中國人心目中，「席夢思」就是頂級彈簧床的統稱。

正當美國人的睡眠習慣因為「席夢思」而大幅翻轉時，遠在上萬公里之外的中國，在不久之後，也迎接了這股新生活浪潮，從此在文化中留下深刻的印記。

大床墊計畫
——征服北美，放眼全球

這股從美國密西根湖畔小鎮輻射到中國、乃至全世界的睡眠革命，源自席夢思二世的「大床墊計畫」（Big Mattress Idea）。

擁有經營天分的席夢思二世，接掌事業之後，繼承父親遺志，立即推出「大床墊計畫」，將市場眼光從鄰近州郡放到全球。

他積極進軍美國各地和加拿大，沒幾年，就讓「席夢思」在北美嶄露頭角。

光是1916年到1919年的三年間，席夢思二世收購了舊金山、西雅圖的工廠，將生產據點拓展到美國西岸；他收購新澤西州的床墊公司，把事業版圖向東延伸；他買下亞特蘭大的床墊製造廠，向南方推進；向北，他則大力投資加拿大，收購一家在蒙特婁、多倫多、溫尼伯、溫哥華設有工廠的企業，又合併當地七家小公司，成立加拿大席夢思公司。

藉由收購工廠擴大產銷規模，印著「席夢思」字樣的床墊，風行美、加，在美洲大陸奠定品牌地位。

而「席夢思」正式跨出海外的第一步，則是從一張2美分郵票開始啟動。

建立海外合作管道
——借助具影響力人士

在席夢思二世的領導下，1911年，「席夢思」的產品首次出口，揭開向海外擴張的序幕；1914年，正式成立出口部門，隔年，印製第

一份出口商品目錄。向外發展的決心如同箭在弦上，蓄勢待發。

但是，世界之大，這一箭如何精準射中目標？

「何不請駐外領事協助尋找合作推廣對象？」當時，席夢思公司出口部門人員靈光一閃。

18世紀末，美國開始在世界各國派駐大使館、總領事館、領事館或領事代理處……，這些外交代表機構，對外國事務瞭若指掌。

於是，出口部門人員寫了一封信，貼上一張2美分的郵票，收信人是華盛頓哥倫比亞特區的國務院，請求國務院提供派駐各國的領事名單。

果然，奇招奏效。席夢思公司透過國務院取得各國大使館、領事館人員名單，然後透過駐外人員協助，掌握海外各地，特別是遠東地區的當地商業合作管道。

企業進軍海外，與當地影響力人士合作，有助於獲得國外市場的信任。載著「席夢思」床墊及家居用品的船，開始大量飄洋過海，橫越太平洋、大西洋、加勒比海，航向世界各國。

產品行銷海外的計畫如願一步步展開，緊接著，席夢思公司調整組織架構，1917年開始在各國設公司，興建發貨倉庫。

初期，「席夢思」的策略鎖定各國首善之都。及至1925年，席夢思公司已經在中國大陸的上海、埃及的開羅及亞歷山大、波多黎各聖胡安、菲律賓馬尼拉、古巴哈瓦那、英國倫敦、阿根廷布宜諾斯艾利斯，以及墨西哥的墨西哥城設置倉庫。

當遠洋貨櫃載著「席夢思」產品來到，精緻的美眠品味，就從這些倉庫出發，送往亞洲、非洲、中南美洲、歐洲各國。

突破保護管制

——直接設廠，在地生產

不過，隨著全球政治、經濟情勢紊亂，世界各國為保護在地經濟與商業發展，對進口商品的管制日趨嚴格。因應大勢所趨，席夢思公司的海外布局改弦更張，從設倉庫分銷，開始轉向在海外設工廠，在地生產。

席夢思公司在海外設立的第一間工廠，選在鄰國墨西哥的首都墨西哥城，1926年正式運轉。

第二個目標，落實在兩年後，一口氣增加三家國外工廠。1928年，「席夢思」工廠向東跨過大西洋，落腳在英國倫敦，負責產銷英國各地市場。同時，南向鎖定加勒比海的兩個小島，一是波多黎各的首府聖胡安、二是古巴首都哈瓦那。

因應海外設廠策略，1938年，由席夢思公司轉投資的「席夢思國際公司」成立，總部設在美國紐澤西。

第二次世界大戰之前，席夢思公司在上海、倫敦、墨西哥城、布宜諾斯艾利斯、聖胡安和哈瓦那等地區成立工廠，發展迅速。

透過各國在地生產的稅賦優惠或貿易互惠協定等策略，席夢思公司解決了成本問題，讓產品能以合理的價格在海外銷售。

布建亞洲版圖
——首選上海，引領中國風潮

在「大床墊計畫」中，幅員遼闊的中國大陸，是席夢思公司布建亞洲版圖的首選。

當「席夢思」產品正式輸出海外時，1925年，席夢思公司在中國大陸經濟中心和重要工業基地的上海，設置物流倉庫，開始縱橫十里洋場，再逐漸深入中國大陸各地；隨著席夢思公司展開在地生產計畫，1932年，遠東地區第一個製造據點，正式落腳上海公共租界東區、黃浦江邊的楊樹浦一帶，是較早進入亞洲的床墊製造商。

這些發展足跡，深入當時中國人的生活。1933年，上海《申報》的珍貴廣告版面上，登出上海先施百貨、永安百貨等高級百貨商場的「席夢思」銷售櫃點。《申報》是當時中國最大的商業報紙之一，後人稱它是研究中國近現代史的百科全書。

暫時退出
——戰火波及市場發展

「席夢思」床墊風行中國，已有一段時間，據傳，中國皇室，特別是慈禧太后，也是「席夢思」的愛好者。

慈禧太后正式掌權在1881年之後，那時，美國聯邦政府早已經在中國設公使館。當1900年席夢思公司成為全球最大床墊公司，由美國駐華使館人員引入，似乎不足為奇。

孫中山的夫人宋慶齡，亦是「席夢思」的愛好者。

民國初年，「席夢思」更深獲文人雅士青睞，例如：張愛玲、冰心等曾接受西方教育的作家，都是「席夢思」愛好者。

民國才女作家林徽音在寫信給友人時，曾提到這段軼事：抗日戰爭時期，宋美齡邀請冰心到重慶工作。即便政局緊張、運輸交通不便，冰心仍堅持把自己睡慣了的「席夢思」床墊，帶往後方。

然而，世事難料，繼1937年中、日兩國爆發淞滬會戰後，1941年太平洋戰爭開打，考量時局混亂，席夢思公司決定退出中國及亞洲地區。

4 經典廣告永續品牌

無論海內外，廣告，一直是席夢思公司推廣品牌知名度的主要方式。在最具影響力、銷量最大的各類報紙、雜誌上刊登廣告曝光，讓「席夢思」廣告行銷的效益發揮加乘效果。

這一點，在席夢思公司的經典廣告中，充分展現。

創造品牌聲量
——大手筆投資廣告費用

首度揭開全國性廣告序幕的，是1916年3月18日美國《星期六晚報》（*The Saturday Evening Post*）上的雙頁全版廣告。

當時每週出刊一次的《星期六晚報》雜誌，是美國歷史最悠久、可追溯到1821年的出版品，也是美國中產階級間發行量最大、最具影響力的雜誌之一；《女士之家》雜誌則創刊於1883年，至今歷史近一百四十年，是美國最早且銷量最大的女性雜誌，在1900年代初期，是第一本創下訂戶達百萬份紀錄的雜誌。

BEAUTYREST獨立筒袋裝彈簧床墊問市後，席夢思公司開始大量刊登平面廣告。1925年9月19日，《星期六晚報》刊登了全新上市的BEAUTYREST獨立筒袋裝彈簧床墊廣告，寫著「讓疲憊的大腦和身體有機會每晚重新煥發活力」；同時，也在當年銷量超過200萬份的《女士之家》雜誌登廣告，創造品牌聲量。

另外，像是《生活》（*LIFE*）雜誌，也是席夢思廣告常曝光的主要刊物之一。

席夢思每年都大手筆投資廣告費用，例如，1927年席夢思花在廣告活動上的預算是150萬美元，1928年是170萬美元，往後每年的廣告費用都不低於這個水準，成功在海內外行銷BEAUTYREST獨立筒袋裝彈簧床墊。

進攻頂級客層
——汽車大王亨利．福特代言

1928年至1929年，席夢思公司在《星期六晚報》刊登了一系列廣告，包括：英國文學家威爾斯（Herbert George Wells）、汽車大王亨利．福特，甚至連《星期六晚報》和《女士之家》的發行人柯蒂斯（Cyrus H. K. Curtis），以及當時知名的政治人物、企業家等形象良好的名人，都登上版面現身說法。

甚至，1928年獲得世界拳擊重量級冠軍的愛爾蘭選手坦尼（Gene Tunney）也登上1929年的廣告版面，分享他練習及比賽的心得，他說：「良好的睡眠，比運動和食物更重要。」

儘管名人沒有直接提及「BEAUTYREST」或「席夢思」，但在廣告上分享：適當的休息是讓他們保持健康的重要原因，讓讀者聯想：睡眠對健康和成功至關重要。

1940年代後期開始，席夢思公司刊登知名影視演員的廣告，例如：電影明星桃樂絲・拉摩（Dorothy Lamour）、奧哈拉（Maureen O'Hara），於1947年分別在《生活》雜誌上，以同樣的版面形式為「席夢思」做廣告。

引起市場迴響
——驅動銷售額的十支保齡球瓶

1995年，席夢思公司更斥資上千萬美元，在全美進行電視廣告和活動。

廣告畫面中，一顆保齡球落在床墊上，保齡球瓶不為所動，彰顯獨立筒床墊特色，成為全球矚目的經典。

當年，電視上播映一支廣告影片：一位穿著白袍的男士，站在高處，雙手捧著一顆黑色保齡球，接著向前一擲，保齡球從高處掉落在底下的彈簧床上，一旁整齊排列的十支保齡球瓶，文風不動，穩如泰山地直立床墊上。

對比另一個畫面：保齡球擲向連續性開放式彈簧床墊，保齡球瓶被震得東倒西歪，明顯比較出獨立筒彈簧獨立運作、不震動、不相互干擾的獨特性。短短二十幾秒的影片，緊緊吸引消費者的目光，「不受干擾的床墊」深植人心；這支富含想像力的創意廣告，更獲得美國市場行銷協會（American Marketing Association）設立的艾菲獎（Effie Awards）金獎殊榮，成為全球矚目的行銷經典。

廣告播放引起市場廣大迴響，全球再掀起一波BEAUTYREST獨立筒袋裝彈簧床墊的買氣，在廣告期間銷售成長56%，隔一年，美國席夢思銷售額突破5億美元。

2005年，「席夢思」經典的〈保齡球篇〉廣告以全新面貌重登電視螢幕，廣告主角則換成穿著白袍的女士，同樣大受歡迎。

類似的概念還有另一支影片，將保齡球瓶換成紅酒杯：獨立筒上的一只紅酒杯，任憑旁邊的獨立筒受壓下降，酒杯內的紅酒仍安穩不動。簡單，卻清楚凸顯獨立筒的特色。

向世界行銷
——提供睡眠體驗的「魅惑之地」

除了運用廣告行銷，席夢思公司透過大型活動向世界行銷完整的睡眠體驗，可追溯到1964年至1965年在美國紐約市法拉盛草原可樂娜公園（Flushing Meadows-Corona Park）舉行的世界博覽會。

這是美國席夢思最早的體驗式行銷手法之一。

在世博會展館中，一棟藍白色相間、三層樓高、鑲著大片深色玻璃帷幕的建築，即是席夢思展覽館，以「魅惑之地」（Land of Enchantment）為名的BEAUTYREST展示中心，館外有一座圓形的、呈現如獨立筒般的螺旋造形樓梯。

參觀者可以免費入館，體驗能夠自動調節腿部或頭部的BEAUTY-REST電動床，可讓全身各部位完全放鬆，只需支付1美元清潔費，即可享受三十分鐘在BEAUTYREST床墊上不受打擾的充分休息。

During the 1940s and 1950s, Simmons® mattresses were shipped from Kenosha by the train carloads to warehouses, Service Stations, and large-volume customers such as Sears. For a time, sales of Deep Sleep®, an extra-firm mattress developed in 1955, were second only to those of Beautyrest®.

當時世博會官方設計一座新穎的圓形建築，命名為原子醫院（Atomedic Hospital），供做世博會展覽期間參觀者急診之需。

在床墊領域深具研發精神的席夢思公司，當時是原子工業計畫委員會（Atomedic Industry Planning Council）成員，以全新概念為無窗結構的醫院內部空間，設計並配備各項設施，例如：病房、手術室設備，以及採取顏色編碼，用於辦公室、實驗室等處。這座醫院，以當時水準而言，已具備未來醫院的雛型。

「席夢思」走在時代之先，強調製造世界上最好的床墊，提供最優質的睡眠享受，創造更美好的世界，是席夢思公司百餘年基業長青努力不懈的目標。

5 重返亞洲，決戰日本

1964年，第十八屆奧運在東京開幕，這是奧運首次在亞洲城市舉行。同一年，席夢思公司也首度踏上日本土地，展開新亞洲計畫。

此時的日本，逐漸走出戰後的百廢待舉，正迎向產業和經濟的新高潮。

品質見長

——落腳成熟、富裕的市場

第二次世界大戰後，日本做為抵禦共產主義的前鋒，受到美國極大的援助。戴明（William Edwards Deming）是美國統計學者及品管專家，這時到達日本，協助美國政府進行人口普查，同時接受日本科學家、工程師協會、企業界邀請，四處分享「全面品質管理」的理念與做法。

戴明的演講獲得空前歡迎，在之後的三十年，多次到日本指導，大幅提升製造業水準。美國社會也為之驚嘆，NBC（National Broadcasting Company，美國國家廣播公司）日後更製作紀錄片《日本能，我們為何不能？》，講述日本的品管成就。

工業發展帶動經濟成長，加上申辦奧運成功，日本政府投入巨資進行建設，使得在1960年推動的「國民所得倍增」計畫，六年內就達成。

這樣成熟、富裕的日本，成為「席夢思」重返亞洲的最佳起點。

1964年5月，「東京席夢思床墊製造有限公司」在東京銀座成立，由美國席夢思公司百分之百控股；半年後，位於神奈川縣座間市的工廠完工，生產線啟動；三年後，更名為「席夢思日本有限公司」，全面發展日本市場。

古巴啟示錄
——從直接投資到授權經營

由美國母公司直接投資，在日本成立子公司，設廠生產、在地銷售，這種經營模式順利運作了二十幾年，終於隨著時局發生變化。

這個轉折，要從席夢思公司在古巴的投資一夕化為烏有說起。

古巴橫亙在南、北美洲之間，是安地列斯群島最大的島嶼，因兼具軍事戰略地位和商業利益樞紐，有「開啟美洲大陸的門鑰」之稱。

席夢思公司的出口業務，在第一次世界大戰後於古巴開展，一度成為「席夢思」在美國以外銷量最大的地區。

然而，古巴為保護當地床墊製造商，並鼓勵海外廠商設廠製造，以提升就業機會，開始大舉提升進口關稅。

席夢思公司評估，以多年來的管理能力和經驗，在當地設廠，繳納本國營業稅賦後，仍足以和在地業者競爭。於是，1928年，「席夢思」在古巴首都哈瓦那設立工廠，成為最早的海外工廠之一，也揭開前進拉丁美洲的序幕。

好景不常，古巴發生政治革命，卡斯楚接掌政權後，社會主義盛行，工廠運作遭遇層出不窮的麻煩。1960年，席夢思公司倉促撤離，機器設備、原材料、銀行帳戶、汽車……，許多重要資產被迫留在當地，幾十年的心血化為烏有。

順勢而行
——開展授權經營模式

由於在古巴的慘痛經驗，席夢思公司開始調整海外布局策略，決定放棄直接投資，改以授權經營。

這個新模式逐步在「席夢思」海外市場推動，不過，尚未全面實行。因為日圓匯率巨幅震盪，美國席夢思不得不思考在日本沿用的可能性。

隨著日本經濟復甦，1970年代末，日圓兌美元匯率曾經狂升到176：1，但也曾在1985年大貶至259：1；之後又大幅升值，1987年年底甚至升到122：1。

變化無常的匯率風險，讓美國席夢思萌生撤出日本的想法。

樹立新定位

——亞洲總部開張

1987年，日本掀起泡沫經濟的狂潮，美國席夢思自日本撤資，並轉為授權經營模式，由原來負責日本席夢思的區域經理人接手，雙方簽署授權合約。

合約中規範，永久授權日本席夢思公司在亞洲生產「席夢思」床墊，並擁有亞洲23個國家的銷售權，且資金、組織架構、財務和營運完全獨立運作。

從此，席夢思日本公司不再是美國席夢思的子公司，所有經營策略由自己一手主導。

席夢思日本公司在兩年後，更名為「席夢思株式會社」（SIMMONS CO., Ltd，以下稱日本席夢思），大舉提高註冊資本額，並定位為「席夢思」亞洲總部。

積極布局

——經濟起飛，高階消費者青睞

隨著新格局、新定位，日本席夢思正式踏出本國市場，積極布局亞洲其他區域。

此時的亞洲，經濟蓬勃，繼「四小龍」令世人驚豔之後，又興起潛力無窮的「四小虎」，亞洲人民生活水準大幅提升，各種精緻用品，包含寢具，受各國高階消費者喜愛。

日本席夢思以亞洲金融重鎮做為擴張的橋頭堡：1988年，進軍香港，設立子公司；1993年，在新加坡成立「席夢思（東南亞）有限公

「日本製造」向來以品質聞名於世，日本席夢思為了進行商品標準測試，在小山工廠設立研發與測試中心。

司」，隔年即來台設立辦事處，瞄準潛力需求。

展現大格局

——不是廠商，而是品牌

1996年，日本席夢思的股權結構再度轉變，成為日商百分之百轉投資的子公司。

Nifco是日本生產塑膠扣具的跨國企業，位居全球前三大。創辦人小笠原敏晶，曾受趨勢大師大前研一極力推崇。然而，即便Nifco的產業地位舉足輕重，小笠原經常與世界各地政商名流接觸，知道該品牌的人卻不多。他暗自立誓：「有一天，我一定要擁有全球知名品牌的企業！」

這個願望，在日本席夢思二度轉手時實現。

Nifco入主日本席夢思後，掌握了全亞洲的席夢思產銷權。小笠原除了持續開發新據點之外，更重要的是，帶進新的經營思維。

這位期望擁有全球知名品牌的企業家，決定不將日本席夢思視為廠商，而是當作自己的品牌來經營。

1999年，Nifco主導日本席夢思剛滿三年，東京市中心的高級地段日比谷，日本席夢思旗艦店隆重開幕。

行人稍稍駐足，透過整排的落地窗，就能看見裡面以黃色燈光營造的溫暖氛圍。店內，植栽帶出海島渡假的輕鬆感，最新款式的床組整齊擺放著；看見來客，服務人員親切地上前，悉心介紹，幫助客人試躺，即使待上一小時，仍然微笑以對。除此之外，還有貴賓休憩區、星空屋，提供隱密舒適的試睡空間。

從地段、設計到服務，藉著旗艦店，日本席夢思彰顯了它的精品定位，也宣示了擦亮品牌的企圖。

改變經營思維
——蓄積品牌價值

談到當年設立旗艦店的緣由，日本席夢思社長伊藤正文曾經對媒體表示，若以舊有思維經營產品，認為自己只是「廠商」，那麼，只要將產品銷售給批發商就可以了。在日比谷開設旗艦店，就是希望開始建立自己的品牌。

銀座、日比谷是日本的高級菁華地段，能進駐其中開設旗艦店，不僅可以提升品牌價值，也會增加消費者對品牌的認同與信任。

抱持著經營自己品牌的心情，日本席夢思加大投資力度，更新廠房設備。

「因為我們對品質絕不妥協！」伊藤正文接受媒體採訪時堅定地表示，這是長久以來日資企業的核心價值，以累積消費者的信賴。

2015年9月，富士小山工廠完成產能擴充計畫。斥資新台幣1億5,000萬元、占地8,300坪的全新小山工廠配送物流中心，也在同年全面運作。倉庫、運輸區域與工廠分離，快速提升了產銷效率。每天，席夢思床墊從這裡絡繹不絕地配送到全亞洲二十餘個國家和地區。

創造領先優勢
——「精、獨、上」三大策略

日本席夢思成為亞洲寢具領導品牌，來自於三個重要策略：「精」——不斷精益求精、「獨」——開發在地獨特產品，以及「上」——行銷飯店的金字塔上層客群。

策略一：落實精益求精

第一個成功關鍵，精益求精。

日本席夢思投入創新研發，以精進材質和技術，例如，針對現代人的焦慮生活，研發出負離子床墊，中和讓身體產生疲累感的正離子，以減輕壓力。

「做出好商品，固守這個理念是最重要的，」任職已十餘年，日本席夢思董事、海外事業本部長柯王仁，指出企業一貫的堅持和信念：「不斷研發床墊功能，讓顧客無論在高級飯店或在家裡，躺在席夢思床墊上，都能體驗讓體力恢復的優質睡眠，感到舒適放鬆。」

此外，為了進行布料、纖維等材料標準測試，小山工廠也設置了研發中心。

這個美國境外第一座研發中心，日復一日地對各種原料，小至布料纖維、大至整張床墊，進行拉力、承重、摩擦、彈性、酸鹼性等近百種測試，只為追求品質完美無瑕的「席夢思」精神，成為亞洲市場新品研發的重要據點。

日本席夢思的研發小組成員約有十人，每年為亞洲區飯店或消費者開發大約上百款商品，其中還包含十到十五項全新開發的品項。

除此之外，研發中心人員還負責蒐集內層墊料材質的各種資訊，常年至世界各地參加材料展、織縫機器展，希望引進創新材質，運用在床墊研發上。

柯王仁指出，「每年日本席夢思研究多達500種床墊布花、100種泡綿和20種纖維，與原料工廠的創新技術同步精進；甚至，即使是看似與床墊類素材、機器領域毫無關聯的展覽，研發團隊成員也會去參觀，以激發創新的靈感。」

策略二：開發獨特產品

第二個成功關鍵，是開發在地獨特產品。

大部分亞洲人習慣睡偏硬的床墊，來自美國的BEAUTYREST獨立筒袋裝彈簧床墊，雖然能紓解肌肉壓力，但床墊卻偏軟，日本席夢思研發出符合亞洲人軟硬度偏好的床墊，大幅提升亞洲消費者的接受度。

策略三：行銷上層客群

第三個關鍵因素，則是行銷高級飯店的金字塔上層客群。

積極拓展頂級飯店通路，是席夢思公司的全球策略，日本席夢思當然也充分運用，全球前二十大飯店，約九成以上選用席夢思床墊，以滿足金字塔頂層賓客的需求。

換個角度來看，一個不曾接觸「席夢思」的旅客，如果在飯店體驗到超乎想像的舒適睡眠，極可能進一步成為「席夢思」的愛好者與使用者。

日本席夢思社長伊藤正文表示：「許多知名飯店使用席夢思床款，旅客躺過之後，打電話到店裡詢問飯店使用的床款，也是常有之事。」

到如今，小山工廠的床墊產能，一年高達50萬張，成為日本最大的獨立筒袋裝彈簧床墊工廠。

席夢思重返亞洲，有了美好的開始。

第二部

啟程

成功的祕密在於始終如一地忠於目標。

The secret of success is constancy to purpose.

——英國前首相狄斯雷利（Benjamin Disraeli）

1 站穩台灣的第一步

美軍協防駐台期間，來台官兵及眷屬曾經一度高達幾十萬人。這幾十萬人，帶著光鮮的異國文化及強大的消費能力，在戰後資源匱乏的台灣社會形成特殊階層，他們的飲食、雜誌、音樂、服飾、電器、家具……，無不讓當時的台灣民眾感到新奇並欣羨。

1971年，美國對華政策轉變，台灣退出聯合國，美軍也陸續撤離。而他們帶進來卻不方便帶走的美國好物，開始從宿舍、營區轉手售出。

其中，就有席夢思床墊。

當時台灣的生活條件仍然不足，大部分人在木板床、榻榻米上，被褥一鋪就睡了，彈簧床是少數有錢人家臥室才有的珍貴家具。來自富饒先進國度的席夢思床墊，更是罕見精品。

這些頂級床墊，流入二手家具市場。精緻舒適的躺臥體驗，讓台灣民眾大為驚豔，甚至開啟了二手市場的交易熱潮。

敏銳的商人，似乎看到一個即將蓬勃發展的機會。

本益興業是一家以進口美國知名品牌家庭用品為主的貿易商，發現席夢思床墊廣受好評，開始向美國席夢思爭取總代理權。

1978年，裝滿席夢思床墊的第一個貨櫃運抵台灣。本益興業特別選在美國大使官邸（現今中山北路台北光點）對面，成立展售門市。

大環境的挑戰
——高匯率、高關稅

「席夢思」新品，正式在台灣起步。沒想到，買氣遠遠不如預期。

「從美國進來的第一個貨櫃，大約裝著七、八十張床墊，一年還賣不完，」當年負責業務的主管詹明樹，現在已是席夢思經銷商，他回憶，由於需要投入大量成本，包括：運送、行銷及廣告等，「經營初期的八、九年，都是虧損。」

大環境條件不足，是主要因素。

當時，美元兌新台幣匯率是1：38，進口商品售價轉換為新台幣後，價格不菲；再加上，政府為鼓勵外銷、扶植本土企業，不少進口商品被視為奢侈品，課徵百分之百的關稅，使得床墊進口的成本頗高，席夢思床墊幾乎貴到「高不可攀」。

一張1978年3月1日的本益產品價目表，上面寫著席夢思床墊雙人床的售價，從31,000元到57,000元不等。

對比當時正在大肆開發的敦化南路，新建大樓的售價，每坪59,000元 —— 一張床墊的價格，直逼一坪房價。

那個年代，台灣民眾所得不高，政府公告剛調整的勞工基本工資，每月2,400元。一般人要一年不吃不喝，存下所有薪水，才買得起一張席夢思床墊。

開設首家專賣門市
——摸索高級生活用品銷售模式

高價商品的客群原本就較為特定，同時，在那個年代，一方面，台灣企業還不太懂得如何行銷高級生活用品；另一方面，國人對睡眠、床墊的選擇不重視也不了解，推廣席夢思床墊的過程頗為辛苦。

在本益興業的新門市中，床墊和一些同樣自美國進口的家庭用品一併陳列，部分床墊進駐其他家具店銷售，但因產品單價高，這些店家也僅在賣場裡簡單擺一張床就算數。

這種情況一直維持到1980年，本益興業才在忠孝東路四段（現今遠東SOGO對面）開設席夢思床墊專賣門市。

進或退？
——擺盪的未來

直到1980年代後期，台灣經濟起飛、關稅逐年下降，民眾有能力負擔更高品質的生活，席夢思床墊的銷路終於漸露曙光。

繼香港、新加坡之後，已經擁有亞洲經營權的日本席夢思，在1994年來到台灣成立聯絡辦事處；之後，在1998年，正式成立台灣席夢思公司。

雖然如此，台灣席夢思的未來，卻在進與退之間擺盪。幾年之間，日本席夢思發現，台灣的市場規模仍然有限，似乎比不上香港和新加坡等地。

2001年年底，日本總公司召開年度會議，會議中宣布：撤出台灣市場。

曾在幾家知名生活用品外商任職的曾佩琳，是席夢思公司在台灣的第一號員工，在辦事處時代是區域經理，一直負責管理代理商並開拓市場；成立公司後，則擔任首任總經理。

面對總公司拋出的震撼彈，如今已經退休的曾佩琳，回憶當時，心中依舊五味雜陳。

深耕台灣席夢思七、八年，她始終相信，可以把市場做起來。而且，投入這麼多年的時間和心血，難道要就此付諸流水？

可是，如果不放棄，怎麼說服總公司改變決定？

轉換直營模式
——物流與金流到位

經過幾天思考，曾佩琳決定背水一戰，並且提出新的經營模式——終止總代理，改由台灣席夢思直接營運。

原本台灣席夢思若要訂貨，得透過香港席夢思向美國席夢思下單，若改為直營，台灣席夢思可以直接向美國、加拿大、日本席夢思下單。

另外，在台灣市場的經營上，也將握有主導權，無論通路、廣告、行銷、業務，都可以依照藍圖自己擘劃。

總公司願意嘗試新的可能，但評估市場規模與資源配置，在接受曾佩琳的提議之後，清楚表示，未來對台灣公司的策略是「No cash out, only cash in.」。這也表示，台灣席夢思必須做到自籌資本、自負盈虧。

曾佩琳點頭同意。

這個模式，雖然看起來市場壓力大，但掌握了自主權，反而可能闖出新的局面。曾佩琳只要求借貸500萬元周轉金備用，並且日後貨款開九十天票期支票。

曾佩琳回憶：「記得是2001年的最後一天，我到北門郵局寄出一封存證信函，終止本益興業的台灣代理權。」近二十年前的往事，彷彿還歷歷在目。

其實，在一來一回的爭取過程中，台灣席夢思的基本生存空間已經出現。

開始直接營運之後，不僅訂貨流程簡化，物流時間也縮短。日本總公司接到台灣訂單後，日本工廠一個月就能出貨，三週後送抵台灣，從下單到取貨不到兩個月。台灣席夢思再出貨給經銷商，採取月結收款。

台灣席夢思下單時開出九十天票期支票，兩個月後到貨，進給經銷商，一個月後經銷商結清貨款，正好也是總公司支票到期之日，資金順利周轉。

物流、金流立於不敗之地，台灣席夢思已經站穩獨立的第一步。

2 正名之戰

回顧台灣席夢思最初的市場挑戰，曾佩琳分析：「初期，『席夢思』床墊在台灣很難銷售。除了價格高，從《辭海》將『席夢思』Simmons這個英語的音譯中文，定義為『精製的彈簧鋼絲床』的現象可知，『席夢思』給人的印象反而不是品牌名稱，更加深難度。」

這時，價格成為購買時的最重要考量。「席夢思」因為是進口品，售價相較於市場偏高，消費者入手時難免猶豫不決。

台灣席夢思該如何破局而出？

設廠反而提高門檻
——彈性vs.規模

日本總公司進入台灣之初，曾有意在台灣設廠，生產獨立筒床墊。當時生產設備已經進口，就放在台中倉庫伺機而動。

曾佩琳那時初入床墊產業，為了了解產業生態，拜訪許多台灣工廠。她發現，當時台灣本土床墊產業，大多採取「分段式加工組裝」。一張床墊的主要生產流程，大致如下：

最上游的鋼線，主要來自中鋼等幾家大煉鋼廠。製造彈簧的廠商訂購鋼線後，打出彈簧，組成一張張「裸床」，也就是未加添泡綿、絲綿或羊毛等任何襯墊物的彈簧床床體。

襯墊所需的主要原料，如：泡綿、表布等，也有泡綿廠、針軋綿廠、布廠等專業廠商製造。

各小型床墊加工廠訂購裸床後，依照所需襯墊物規格，向各個製造商訂購所需尺寸的襯材，一一組裝完成，然後直接供貨給家具店。

這些床墊加工廠只需訂貨、然後加工組合，因此技術門檻低、生產流程短、存貨壓力少，而且資金需求低，三至五人便可以開張。

因為進入障礙低，類似的小型床墊加工廠在全台灣大約有數百家，造成競爭激烈，產品售價壓得很低，甚至還能客製化。

有些家庭式加工廠，接受消費者直接訂購，規格不一，彈簧數量要八百或一千、高密度泡綿中要加羊毛或絲綿，完全滿足顧客需求和喜好。

「大多數工廠甚至僅是在自家土地搭建鐵皮屋，先生負責製造生產、太太管財務會計，床墊生產價格僅計算購買原材料、工資等直接成本，一張床墊只賣兩、三千元，」曾佩琳說。

反觀台灣席夢思，如果在地生產，以企業對所有細節的重視，從彈簧、襯墊到組裝，都必須自己全程管控品質，無法因地制宜，相較於台灣的工廠，完全沒有成本優勢。

相較於整床進口，在地生產的「席夢思」床墊也將缺乏經濟規模，必然比總公司大量生產的成本高，再加上要支付BEAUTYREST專利費，售價會貴上一倍，更難以和台灣品牌競爭。

「如果我們的席夢思床墊也是『台灣製造』，絕對打不過台灣在地廠商，」曾佩琳開門見山點出事實。

設廠不僅無法降低成本與售價，反而會提高價格門檻，曾佩琳認為，這階段應該先強化品牌，得到消費者認同，等達到經濟規模後，再評估是否設廠生產。

在她的建議下，總公司改變了在台灣設廠的計畫。

品牌辨識度的難題
——優勢也是劣勢

不能從降低價格切入市場，那麼，強化消費者對品牌的認識與認同，成為當下最重要的任務之一。

曾佩琳到政治大學進修EMBA，研究品牌認同。她的論文主題就是：「策略性品牌認同發展研究，以國內床墊產業為例」。

因為內裝彈簧堅固耐用，床墊生命週期相當長，使用期限可長達十年以上，屬於耐久財，消費者更換新床墊的誘因較低。

此外，床墊好壞取決於兩大要素：彈簧的鋼材和泡綿，但這些隱藏在細節裡的關鍵，消費者不易察覺其中差異，也無從辨識品質良窳。這使得「席夢思」床墊的高品質不容易顯現。

「一般人買汽車、電視、音響、冰箱等用品，都會講究牌子，但很少人買床墊會重視品牌，屬於消費者低度關心的商品，」曾佩琳點破現實的無奈。

傳統的床墊價格普遍不高，加上床墊大多堅固耐用不易損壞，消費者不了解新床墊的品質與優點，自然不願意花較多錢選購品質更好的床墊。

透過教育、廣告、體驗，可以提升消費者對產品價值的認同，但是在此之前，必須讓「席夢思」品牌回歸台灣席夢思所有。

在當時，市面上到處是「席夢思」。不過，這個「席夢思」並非台灣席夢思的品牌。

許多本土床墊業者，以「席夢思」之名標榜自己出產的彈簧床，甚至有床墊公司取名為「蓆夢思」。

在這種混淆的狀況下，即使台灣席夢思投入資源做行銷、打通路，未必能達到效益。

爭回中文商標
——踏上三十年征途

其實，這個現象已經存在許久，只是台灣席夢思幾度向智慧財產局申請註冊商標，都未能獲准。

1975年，「席夢思」英文商標「SIMMONS」順利在台註冊完成。這之後，本益興業負責銷售的關係企業金工實業，幾度向當時的中央標準局，提出「席夢思」中文商標申請。

《辭海》裡的「席夢思」一詞，定義為「精製的彈簧鋼絲床」，中央標準局和行政法院都裁定，「席夢思」是彈簧床的通用名詞，泛指

「西式彈簧鋼絲床」及「彈簧床或彈簧床墊」。

幾波申請案遭到駁回，註冊失敗。為了區隔，金工實業只好以「美國席夢思SIMMONS」之名，進行廣告行銷與銷售。

直到1998年，台灣席夢思公司正式登記，「席夢思」中文品牌名稱仍未獲准註冊。

無論以「SIMMONS」或「美國席夢思SIMMONS」來行銷，雖然消費者未必不認識，畢竟不如「席夢思」三個字來得簡潔有力，方便顧客琅琅上口、互相告知。

因此，這條正名之路看起來艱難，卻不得不走。為了讓顧客更容易區別進口的「席夢思」，曾佩琳雙管齊下。

一方面，刊登廣告，提醒消費者。

2003年，台灣席夢思透過理律法律事務所登報，敬告消費者，市場上另有「蓆夢思」床墊，為避免誤購，要認明床墊上有英文「SIMMONS」和「S」結合地球圖樣組成的商標，才是席夢思公司或被授權廠商出品的床墊。

另一方面，透過法律，繼續爭取中文商標。

曾佩琳說：「必須先讓『席夢思』中文商標成為合法品牌名稱，而非通用名詞，才能為『席夢思』品牌正名。」

逆轉勝

——六度舉證，辨明主張

2004年，席夢思公司再度提出中文「席夢思」商標申請。這時，中央標準局已經改為智慧財產局，席夢思的品牌之戰則還在繼續。

曾佩琳說：「我們知道，這將是一場長期抗戰。」她甚至做了最壞的打算：萬一中文商標無法正名，從此行銷廣告都主打英文品牌名「SIMMONS」。

炙手可熱的新興產品，品牌名稱被消費者當成通用名詞的例子，並不少見。

除了席夢思，索尼（SONY）的「Walkman」品牌被視為隨身聽的代名詞，也是眾所周知的案例。而一旦成為通用名詞，再主張是商標，就必須提出更多調查及證明，主張該品牌確實為廣大消費者所知的品牌，而非通用名詞。

果然，遞件後，智財局六度發文要求申請人補正說明。

台灣席夢思陳述幾大重點主張：

第一，「台灣席夢思股份有限公司」是唯一由美國席夢思授權在台灣地區品牌經營與行銷的公司。

第二，台灣席夢思從1998年設立以來，就不斷在報章雜誌等媒體密集刊登廣告，並且印製各種介紹「席夢思」產品的目錄、文宣，證明「席夢思」是品牌名稱，而不是床墊或彈簧床墊的泛稱。

第三，台灣席夢思每年投入高額廣告費用，從2002年的八百多萬元逐年倍增到2004年的兩千三百多萬元，都是用以宣傳席夢思商標商品，也讓公司的銷售額從2002年的六千多萬元成長到2004年的一億七千五百餘萬元。

諸如此類的補充說明，足以證明「席夢思」三個字在台灣地區並不是「彈簧床墊」習慣上的通用名稱，而是具有一定的知名度和品牌辨識度，「席夢思」這個商標已是足以表彰商品識別來源的標誌。

台灣席夢思並檢附行銷資料、媒體報導、商品型錄介紹、廣告費用和銷售金額等多項表冊、證據資料影本，整理成公文書件說明補正，來來回回，耗時一年多。

直到2005年11月16日，智財局才核發核准審訂書，同意「席夢思」成為台灣席夢思合法的中文商標。

殺出程咬金
——異議無效，贏得品牌資產

依照《商標法》規定，任何人認為商標註冊有違反註冊情形者，得自商標註冊公告日後三個月內，向商標專責機關提出異議。

就在公告日期截止一個月前，2006年1月，殺出程咬金。

本土床墊業者「蓆夢思」，向智財局提出異議。他們引用1982年行政法院的判決，以及多年來「蓆夢思」提出商標申請都遭駁回，認定「蓆（席）夢思」是床墊或彈簧床墊的習慣用詞。

但智財局認為，異議人檢送證明「席夢思」是「彈簧床」代名詞的相關網頁資料影本，多半來自中國大陸，商標採屬地主義，應以台灣地區交易市場和消費者認知為主，以台灣席夢思先前檢附補正的資料，顯示「席夢思」是多年反覆使用的商標，已為台灣社會大眾所熟知，並非「床墊」或「彈簧床」等商品的通用標章或名稱。

2007年7月，智財局裁定，本土床墊業者「蓆夢思」提出異議不成立。

「蓆夢思」不服判定，向經濟部提起訴願，再向台北高等法院提出行政訴訟，雖然在2008年遭到駁回，但其又一次向最高行政法院提起上訴，2010年6月再度遭到最高行政法院駁回，裁定「蓆夢思」敗訴，商標異議案終告落幕，中文商標「席夢思」正式回歸席夢思公司所有。

達特茅斯大學塔克商學院（Tuck School of Business at Dartmouth College）是美國十大商學院之一，擔任學院行銷學講座教授的凱勒（Kevin Lane Keller），曾經談到品牌的價值：

無論企業規模大小，無論所處的市場和產業類型，建立並適當管理品牌資產，是所有企業的優先要務。畢竟，強大的品牌資產可帶來顧客忠誠度與獲利。

「席夢思」三個中文字，得以在台灣回歸正統，前後走了三十幾年。品牌名稱是企業最重要的資產，這條正名之路雖然辛苦，卻非常值得。

3 三個月打開新通路

「席夢思」新品剛引進台灣時，除了代理商自營的部分專賣店之外，台灣席夢思希望打造更多銷售通路，因此透過「一次購足」的消費者心理，在近百間家具店兼營床墊的經銷據點展售，讓消費者在選購床架、床組時，一起將席夢思床墊買回家。

然而，二十多年來，績效始終有限。

「明明是好產品，為什麼賣不出去？」曾佩琳扮成消費者，到經銷點探究問題。

好產品變墊腳石
——找出問題、解決問題

家具店裡，老闆熱情迎接來客，然後得意地介紹：「這是『席夢思』，是美國有名的牌子。」

「席夢思床墊很貴，要八、九萬元，」緊跟著話鋒一轉，老闆指著一旁的床墊說：「這是台灣的牌子，也有記憶膠、乳膠，品質一樣好，但是價錢只要三分之一，妳躺躺看？」

「店家把我們當墊腳石，」曾佩琳又氣又無奈。

尤其在這個產業，消費者關心度低，服務人員對產品的介紹、引導，扮演成功銷售的重要角色。

曾佩琳分析，一般人通常在結婚、搬家等特殊時刻，才會購買新家具，而且優先挑選沙發、餐桌、衣櫃、床頭櫃、梳妝台等，最後才採買床墊。

「床墊屬於低關心度商品，消費者買家具時不會優先考慮買床墊，更別說考慮床墊的品牌，」她坦言。

消費者不了解也不注意床墊的品牌，多半靠店家介紹才決定購買，因此，由於進口成本高而使得降價空間有限的席夢思床墊，一年賣不了幾張。

另一方面，對家具店來說，展售價格高貴的席夢思床墊，風險也不高。進了席夢思床墊，放上三個月、半年沒賣出去，貨退回給代理商即可，店家反而因為擁有時髦精緻的產品，吸引好奇的顧客上門，再利用價格對比，賣出其他低單價、高利潤的品牌，店家的總體收益仍然可觀。

曾佩琳說：「席夢思床墊進到家具店，就是死路一條。」她領悟到市場現實。

2002年台灣席夢思直營後，她立刻決定，在家具店通路之外，建置更有效益的銷售管道。

貴勝不貴久
——快速複製專賣店

那麼，什麼是有效益的通路？

為了推廣品牌，1995年，日本席夢思在新加坡開設大型旗艦店；1999年，又在東京日比谷成立旗艦店，兩個旗艦店都成功引起當地媒體及消費者注意，提升了品牌的知名度與價值。

多次前往新加坡、日本參訪的曾佩琳，原本有心參考這個模式，讓台灣消費者快速認識席夢思床墊的高品質，值得花相對較多的價錢擁有。

不過，她很快就否定這個想法。

旗艦店展現一個品牌的精神，規模通常是所有商店中最大的，並且擁有最新、最齊全的商品，租金、裝潢、管銷等成本，相當高昂，新營運的台灣席夢思資金並不充裕，開旗艦店恐怕會造成太大負擔，導致無法推動其他業務。

除了旗艦店，還有什麼策略是當下可做又能打開品牌知名度的？

曾佩琳說：「如果我們的目標是要塑造品牌概念，只要店家掛上『席夢思』的標誌就能達成。」她靈光一閃，專賣店猶如小型旗艦店。

曾佩琳剖析專賣店的優勢，「旗艦店建置成本高，不僅因為店面大、租金高，裝潢的要求也比較複雜，因此不易推展；但專賣店小而美，操作容易，可以快速在台灣各地複製，更適合席夢思該階段的需要。」

不過，要成立大量專賣店，光靠自己也需要不少資金，而且速度極可能受限，她心中湧現一計：「何不讓別人開店只賣席夢思床墊？就讓經銷商專賣席夢思床墊！」

《孫子兵法・作戰篇》指出「兵貴勝，不貴久」，意思是用兵作戰以求得勝利為首要，絕對不能拖久，因為時間一長，不僅軍隊疲憊、銳氣盡失，國家財力也將出現危機。

這部重要的軍事著作，常為企業家應用在事業經營，也是曾佩琳喜歡研讀、參考的書籍。

輕重緩急已經清楚，曾佩琳決定，廣開專賣店，並且授權經銷商加盟。

她已經做好準備，「通路戰一旦開打，就必須一個接一個搶得勝利。最重要的是，一定要讓專賣店快速複製，建立足夠的經銷通路、達到經濟規模，台灣席夢思才能有效運轉。」

新模式遍地開花
——首創台灣床墊加盟專賣店

二十多年前的台灣，商業分工不如現今細膩，要開一家床墊專賣店已經非常不容易，何況只賣單一品牌、高價位的進口床墊，更是充滿挑戰。

曾佩琳鎖定兩種合作夥伴，說服他們加盟席夢思專賣店。

一種是，原本賣家具的「爸爸媽媽store」——夫妻倆守著一家店面的業主，他們沒有店租壓力、沒有過多人事成本，經營風險不高。

另一種則是，敢衝、想創業的年輕銷售人員，他們勇於嘗試新做

柔和的氛圍，如同置身一間臥室，席夢思專賣店的陳設，為消費者營造一個溫暖適眠的空間。

法，希望打下自己的天地。

她承諾這些願意加入專賣的夥伴，未來將按區域設店，不必擔心隔壁有同樣的商家搶客源，以保障店主權益。

其次，台灣席夢思將投入廣告行銷，並且核發正式授權書給取得「席夢思」專賣資格的經銷商。但是為了汰劣存優，會每年評估經銷商表現，重新簽約。

專賣店加盟者要投入的，並不多。台灣席夢思提出兩項要求：

第一，店面招牌必須以顯著字樣標示「席夢思專賣店」。

第二，準備40萬元到60萬元的開辦費。這筆資金用來支付三個月店租和押金，以及進行簡易的裝潢。

為了快速設點，曾佩琳規劃的專賣店，面積大概30坪到40坪左右，足以擺放五、六張，至多七、八張床墊即可；內部空間也不需要大肆裝修，只要天花板、地板、牆壁採用相同的暖色調，營造溫馨的居家感覺。

如此一來，初期投入成本得以控制，不會對創業者造成太大的財務負擔。

強化品牌印象
——統一店面識別系統

要吸引人潮，門市地點至關重要。曾佩琳陪著經銷商四處看店面、選地點，原則並不奇特，首要就是找「三角窗」。

但凡屬於三角窗的店面，因為有較多牆面做大幅廣告與店招，台灣席夢思就會出資印製大幅廣告海報，讓經銷商張貼在店面外牆。

「我記得當時牆上的照片，是一位金髮外國女子，穿著絲質的細肩帶睡衣，躺臥在獨立筒彈簧床墊上，背面脊柱呈現一直線……」曾佩琳指出，金髮洋人結合席夢思床墊，直接點出這是個外國品牌，意象簡單明白。

曾佩琳說：「這張海報用了三、五年。」她分析，廣告不能經常更換，因為床墊是低關心度的商品，要讓往來的消費者留下深刻印象，需要時間慢慢累積，認識藍底白字的「SIMMONS」和大大的「S」結合地球的品牌標誌，席夢思品牌才能深植消費者心中。

除了外牆，櫥窗設計也是留下視覺印象的關鍵。

「最重要的資金放在櫥窗設計，必須依公司的標準，例如：要放公司形象圖片、要強調品牌識別。」她要求，專賣店至少要面寬3.5公尺到4公尺，其中的櫥窗必須設計明亮。

專賣店的櫥窗，都採用柔和的氛圍，讓人一看就宛如置身臥室；夜晚來臨，燈箱打開，照亮「席夢思」的中、英文商標。2002年日本總公司首度推出負離子床墊，席夢思就以潺潺的瀑布、翠綠的森林，做為形象識別的廣告圖片。

運用靈活的思維，讓每家店統一品牌識別，遍布台灣各地的加盟專賣店，成為席夢思公司的最佳代言人。

「透過統一的品牌識別，強化了辨識度，高雄有一家店半年就賺回成本。」曾佩琳回憶，「那家店從一開始就加入，至今近二十年了，仍是席夢思的合作夥伴。」

首開床墊加盟專賣店模式的台灣席夢思，從此迅速布建通路系統，短短三個月，就在當時的台北縣市、新竹、台中、台南、高雄等地，開出15間席夢思專賣店；不到三年，就在全台灣建立28個專賣店。致勝之路，已經打開。

4 反擊水貨，收回市場

2002年，台灣的報章雜誌上出現一則啟事：

「台灣席夢思是世界知名床墊廠商 —— 美國席夢思公司在台唯一授權的公司，銷售的床墊全部都是原裝進口……」

這篇由理律法律事務所代理台灣席夢思刊登的敬告啟事，內含三大重點：

首先，台灣席夢思公司是美國席夢思在台唯一授權代理商，產品全部為原裝進口。

其次，市面上一家以「蓆夢思」同音生產的獨立筒床墊，混淆消費者視聽，希望藉此導正，避免民眾誤買。

第三，請消費者認明真正的「席夢思」標章商品，與獲得設計專利的全球商標。

失竊的三分之一
—— 水貨商低價搶市

剛拿回代理權那一年，台灣席夢思就發現，床墊市場存在許多「以假亂真」的商品，而且水貨盛行；甚至，初步估計，被贗品和水貨「偷走」的市場規模，高達三分之一。

水貨盛行，有其社會背景。

水貨是「平行輸入商品」的通俗說法，指的是未經合法授權的第三人，在未經智慧財產權人同意下，以平行輸入方式，直接自境外引進具商標權且合法製造的商品。

在中華民國智慧財產權法制領域，基於貨暢其流的精神，只有《著作權法》禁止平行輸入，至於《專利法》、《商標法》則都允許真品平行輸入，任何人都可以自由輸入境外商品，以抑制廠商高價壟斷的可能。

銷售陷入泥淖
——真假「席夢思」充斥街頭

立意雖佳，卻造成代理商的客源流失。

代理商進口商品時，除了關稅，還需要依據商品類別，呈送政府單位檢驗，再加上行銷宣傳費用，一筆筆開銷墊高營運成本；相較之下，水貨貿易商不需要負擔這些成本，商品售價往往訂得比公司貨便宜，吸引消費者紛紛選購。

隨著席夢思品牌在台灣的知名度逐漸響亮，水貨更是大量湧現，讓公司貨的銷售陷入泥淖。

台北市的中山北路七段、南昌街、文昌街，以及高雄地區的青年一路、博愛路一帶，是當時家具店群聚的地方。水貨最熾盛時，這些家具街上，幾乎每間家具店都掛上「席夢思」的牌子，消費者無從分辨。當時的情況，曾佩琳無奈地搖頭表示：「就像鯊魚聞到血腥味，全部聚攏過來。」

公司貨大進擊
——五策略多管齊下

台灣席夢思已經連續數年大打水貨戰，成效卻有限。曾佩琳發現，這個問題無法只在台灣解決。

在台灣市場起步初期，美國席夢思並未開放台灣總代理訂製特殊款式床墊，台灣代理商和水貨貿易商一樣，都是直接在美國席夢思的年度標準款中選貨，因此，兩者進口的床墊款式和花色非常類似。

不僅如此，席夢思床墊雖然是透過席夢思公司設在海外的工廠分銷各地，但仍有大量產品是從美國工廠直接向全球出口。水貨商不僅從美國工廠或全美各大經銷商處訂貨，甚至還從墨西哥或越南轉單到台灣。

曾佩琳說：「我們去追查進口水單（外匯買賣收據），那批貨原本是要出口到越南，卻轉到台灣來。」當時台灣席夢思明查暗訪，了解有些水貨是從旅館部門系統的訂單流出。原本訂單上注明越南興建旅館所需，出貨時卻沒進越南，反而送到台灣。

曾佩琳判斷，要徹底解決水貨問題，得追本溯源，從美國總公司著手，「一條河道如果水很髒，一定要去上游，從源頭開始把水道清乾淨、擋掉枯枝汙泥，下游才會有乾淨的水。」

從台灣到美國，曾佩琳決定多管齊下。

策略一：透過廣告凸顯正統

首先，在報章雜誌上刊登廣告，為自己驗明正身。

水貨商聲稱，自家產品是從美國席夢思進口，到底誰才真正獲得席夢思公司授權，進口「席夢思」品牌床墊在台銷售？如何為自己證明也「正名」，讓台灣席夢思頭痛不已。

台灣席夢思開始大力宣傳、做廣告，從教育消費者著手，幫消費者避開贗品與水貨。

例如，2004年即在廣告中提供選購的五大祕訣：一、親自檢查所購買的床墊；二、到有「SIMMONS BETTERSLEEP」官方標誌授權認證的席夢思專賣店或特約經銷商選購；三、認明「席夢思」品牌的地球商標；四、找到床墊側邊的商品出廠地標示；五、索取商品的中文保證書。

除了透過廣告訴求，達到加強品牌認知的效果，2006年，更申請印有中文商品內容的雷射標籤，以與水貨做出區隔。

策略二：爭取總公司支持

2003年秋天，每年一度的美國席夢思全球授權會議，在美國加州舉行。

所謂「見面三分情」，曾佩琳親自參與國際經銷商會議，除了讓美方認識台灣總代理的負責人，還希望勸說美國總公司及全球代理商支持台灣席夢思。

行前，曾佩琳做足功課，蒐集好「證據」。

曾佩琳與先生兩個人假扮客人，到賣水貨的店家看床墊，悄悄拍下側標序號。席夢思工廠品質管控嚴謹，只要掃描標籤上的條碼，哪間工廠製造、哪個工班、出廠時間，全部一目了然。

然後，準備示範「工具」。

曾佩琳單槍匹馬赴美，行李箱裡，裝著好幾個「魯班尺」。

魯班尺傳說是由中國春秋末葉著名工匠魯班發明，他被後世尊為中國建築工匠祖師，又稱巧聖先師。

在魯班尺上，有四排標示，最上面一排是台制尺寸單位，第二排叫作文公尺或門公尺，用於陽宅建築，如：門窗、梁柱、廚灶、神桌、家具、辦公用具等，丈量時可對照吉凶；第三排是丁蘭尺，多用在陰宅、祖龕的丈量；最下方則是公制的公分單位。

在被授權人暨代理商大會上，每個地區代理商代表都要上台發表十分鐘的年度報告。

輪到曾佩琳上台時，她首先動之以情，訴說台灣席夢思開始拓展業務就遇到水貨商低價搶市，希望全球授權公司和工廠能幫台灣席夢思把關，杜絕水貨商的訂單。

策略三：宣揚台灣尺寸

每個代理商初創事業時，必然都經歷一段艱辛過程，曾佩琳的切入角度果然引起共鳴。

「我們不知道哪些訂單是從台灣來的，」台下有人發聲，表示查證訂單來源有困難。

曾佩琳不慌不忙拿出事先準備好的魯班尺，分送給在場的總公司高層主管、國際部門主管。她拉開捲尺，秀給眾人看上面有許多的紅色、黑色文字和數字。

重點，在第二排的紅、黑兩色文字。

台灣人重視「趨吉避凶」，床墊尺寸更要挑選代表吉利的紅色尺寸數字，避開黑色象徵凶險的尺寸。

美規床墊的國際通用尺寸，一般有三種：標準雙人床（Queen

size，152公分×203公分）、特大雙人床（King size，182公分×203公分）、加州帝皇特大雙人床（California King, CK size，182公分×212公分）。

台灣的床墊有專屬的規格，台灣標準雙人床（Taiwan Standard, TS）尺寸為152公分×190公分，台灣特大雙人床（Wide Standard, WS）為182公分×190公分。

業界習稱的「TS」尺寸，換算成台尺後，相當於5尺×6.2尺，在魯班尺上，6.2尺正落在紅色的「吉」字。

曾佩琳指著捲尺上紅色的字，說：「Lucky number」。

她以流利的英文配合肢體語言，把複雜的中國風水概念說得清楚生動，讓與會代表留下深刻印象，紛紛點頭表示理解。

接下來，她訴諸法律。

「全球席夢思出廠的床墊都是美規的標準雙人床尺寸，只有台灣人才會用TS，只要訂單下TS，一定是來自台灣的訂單，」曾佩琳堅定地說，「台灣席夢思付授權費給美國席夢思，美國總公司卻放任水貨進口台灣，影響代理商的權益，似有違反國際授權權利（license rights）之虞，若情況嚴重，亞洲區被授權人可以訴諸法律解決。」

曾佩琳一方面動之以情，一方面訴之以理，希望美方正視水貨問題。美國席夢思並不清楚台灣的平行輸入或水貨問題，這場會議之後，他們釋出誠意，願意共同商議解決之道。

策略四：美國席夢思高規格站台

大會的第二年，美國席夢思國際部門主管歐克希爾（Timothy F. Oakhill）率相關人員，一行五人飛到台灣，了解實際情況。台灣席夢思安排他們到市面上的床墊門市，現場目睹水貨氾濫的情況，證實當初所言不假。

這段期間，台灣席夢思舉辦了第一場公開記者會，廣邀各大媒體記者參與，藉由媒體報導，讓消費者認知，台灣席夢思公司是唯一由美國授權在台灣地區品牌經營與行銷的公司。

同時，台灣席夢思公司也邀請經銷商與會。當時中文「席夢思」商標尚未正名，部分經銷商仍採觀望態度，透過記者會，宣示台灣代理商的決心，也加深他們的信心。

這場盛大的記者會，在當年座落於南京東路三段的六福皇宮舉辦，展現台灣席夢思努力經營品牌形象、深耕台灣的企圖心。而美方代表不僅站台、拍照，並且接受訪問，這樣高規格的陣仗，令人大開眼界。

一行人回到美國，開會議決，指示美國境內各工廠若收到台灣尺寸訂單，都要轉知國際部，當時身為美國席夢思國際部行銷執行副總裁的歐克希爾，明令通告境內所有席夢思經銷商，不得銷售任何產品給台灣貿易商。

此後，只要有台灣尺寸的訂單，美國席夢思國際部就會追查訂單來源，從墨西哥出貨的水貨，就此斷貨；至於另一個管道 —— 旅館系統，往往一訂就是兩、三百床的大量訂單，但旅館的床墊尺寸通常只會是美規雙人床或單人床加大，倘若有人下單訂台灣尺寸，顯然就有問題。

策略五：媒體團赴美直擊宣傳

雖然投入許多努力，沒想到，水貨仍然無法根除，市面上每五張床墊就有一張是水貨。曾佩琳決定再接再厲。

2006年年初，曾佩琳帶著十餘位台灣記者飛到美國亞特蘭大的席夢思總部和工廠參觀，藉由媒體報導，揭露「席夢思」嚴謹的製作流程，趁機教育消費者如何選購好床墊。

歷經二十小時長途飛行，記者仍然生氣勃勃，在美國席夢思總部見到歐克希爾，當場連番提問：

「台灣水貨問題如何解決？」

「如何保障台灣席夢思權益？」

歐克希爾好整以暇地回應：「我們一定全力支持台灣席夢思推展業務。」緊接著他補充：「我們研發了一種東西，可以解決水貨問題。」

那是一張印有中文商品內容的雷射標籤，背面注明原產地、製造商、成分、尺寸，以及進口商等詳細資料，消費者可以一目了然購買的床墊是美國（或加拿大）席夢思為台灣製作的床墊。

「全世界只有我們能拿到這個特別的標籤，水貨絕對沒有這張側標，」曾佩琳激動地說，美國總部終於祭出鐵腕，杜絕台灣水貨氾濫的情況。

水貨的逆襲
——黑心床墊掀起波瀾

隨著台灣銷量成長，打下台灣床墊領導品牌江山，台灣席夢思不僅有專屬的訂單識別標籤，每年還有上千種新的布花可供選擇，美國席夢思開始提供台灣量身訂製的特殊款式床墊，款名、花色和美國通用規格大不同，更讓水貨商難望其項背。

未料，市場又出現台灣尺寸的「黑心」水貨床墊，在2006年再度掀起一場打擊水貨之戰。

「如果沒有TS尺寸的床墊，就只能做50％的生意，因為在台灣市場上，一百個來買床墊的消費者，有七十五個會指定非TS尺寸不買，」曾佩琳以二十幾年的床墊產業資歷，分析台灣床墊市場特性。

台灣席夢思多管齊下阻絕水貨進口，按理說，應該只有在席夢思經銷專賣店才買得到台灣尺寸的席夢思床墊，但市面上仍舊有不少台灣尺寸的水貨。

曾佩琳很納悶，幾番探訪後發現，水貨商無法訂製台灣尺寸床墊，拿不到貨，於是想出變通的方法——進口美規標準雙人床尺寸的床墊，再切割加工，改裝成台灣尺寸。

台灣標準雙人床尺寸比美規標準雙人床的長度少13公分，為符合台灣消費者喜好，部分水貨商抽掉一排獨立筒，把原廠尺寸改為台灣尺寸。但切割後的床墊，原有結構經過強力拉扯、破壞，不僅改變彈簧的均勻承托功能，也會影響睡眠品質。

喚醒危機意識
——鼓勵消費者主動求證

2006年，台灣席夢思公司針對切割改裝床墊提供鑑定服務，由理律法律事務所具名刊登廣告。

一方面，提醒消費者有不肖業者引進席夢思床墊逕行切割，如果買的是台灣尺寸席夢思床墊，但不確定是否經過切割，可以主動跟台灣席夢思的「名床鑑定中心」聯絡，要求鑑定床墊是否經過改裝。

二方面，公告周知，切割床墊違反《商標法》，一旦影響商譽，台灣席夢思將訴諸法律，要求巨額賠償。

「廣告刊登後，有不是在席夢思專賣店購買床墊的消費者打電話來詢問，我們就會派同仁去現場查看，」曾佩琳還原當年實況，「如果發現那是台灣尺寸，卻不是我們店裡賣的，就會請消費者回到當初購買的商店詢問，床墊是否經過切割，若是切割床墊則可要求退貨。」

然後，台灣席夢思再推進一步，鼓勵消費者查實：若同意簽下切結書，說明這張床墊在哪裡購買、何時購買，未來若美國席夢思證明床墊經過切割，且消費者願意出面證明，台灣席夢思願意免費換一張新的床墊給他。

曾佩琳回想，當時收到十張疑似經過切割的席夢思床墊，全部空運到美國，請原廠鑑識真偽。

開床鑑定
——美國實境秀引起市場譁然

2007年年初，曾佩琳再次帶隊，邀請電子、平面媒體記者，飛到美國加州聖利安卓（San Leandro）工廠，美國席夢思派一位副總裁級的工程師，從亞特蘭大總部飛到加州「開床」鑑定。

2007年1月26日，在席夢思聖利安卓工廠，台灣媒體記者和席夢思美方人員，數十雙眼睛共同見證一場「開床」典禮，透過電視台現場報導，這齣「實境秀」立即播送到台灣民眾眼前。

獨立筒之間以三點式黏膠相互黏貼，切割過的床墊，因拉掉一排獨立筒彈簧，便會出現膠痕。這是第一個經過切割的事實。

此外，原本的床墊邊框是一體成形，用一個一個鋼圈環套連結獨立筒彈簧，拆掉一排後，則改為焊接加工；至於切割後拉緊縮小的邊條，有的用繩子或膠布綁住，有的只是簡單交錯，沒有加以固定。這是第二個經過切割的事實。

再來，「床墊是易燃物，會有防火的要求，因此收邊時以防火線車縫，席夢思有專用黃色防火線，切割床使用的則是白線，」曾佩琳分析。這是第三個床墊遭到切割的事實。

「開床」現場呈現了切割床墊各式醜陋改裝，導致結構嚴重破壞，安全堪慮，透過電視和後續的報紙、雜誌等平面媒體報導，一一呈現，引發市場一陣譁然。

這個創意絕招，讓猖獗一時的黑心切割床墊從此銷聲匿跡，席夢思床墊在台灣更加聲名大噪，快步收回市場。

第三部

求精

任何值得做的事，都值得把它做好。

Whatever is worth doing is worth doing well.

——政治家斯坦霍普（Philip Stanhope）

1 如果豌豆公主有一張「席夢思」

安徒生童話中的豌豆公主，即使睡在二十張床墊及二十張羽絨被之上，藏在被墊中的那粒豌豆，仍然讓她一夜不成眠。

時空轉換到1925年。這一年，BEAUTYREST獨立筒袋裝彈簧床墊研發成功並且上市。只要一張BEAUTYREST獨立筒袋裝彈簧床墊，豌豆公主就能夠享受一夜好眠。

讓她高枕無憂的奧祕，是其中的獨立筒袋裝彈簧。

為什麼愈睡愈累
——過軟或過硬的床墊肇禍

現代人的夜晚，其實也常如豌豆公主般難眠。

場景一：你身為忙碌的上班族，為了一個緊急工作任務已經焦慮了好幾天，晚上好不容易才入眠。這時候，枕邊人上床、翻個身，床墊表面跟著被牽動，於是你又醒了過來，然後只能瞪著天花板許久，才又終於睡著。

場景二：新手父母的臥室裡，說好了今夜由爸爸起來幫嬰兒換尿布，但是，當爸爸起床時，同樣由於床墊表面被牽動，媽媽也跟著醒來。於是，不論誰負責晚上照顧嬰兒，隔天，兩人都同樣黑著眼圈出門，應付辦公室的挑戰。

台北醫學大學附設醫院傳統醫學科主治醫師張家蓓，曾獲邀參與測試「席夢思」所引進的FSA Pressure Mapping System床墊壓力源測試系統，她表示，現代人之所以愈睡愈累，通常是由於床墊過軟或過硬，導致肌肉緊繃，無法放鬆。根據測試結果，獨立筒袋裝彈簧床墊能夠讓身體各部位充分放鬆，徹底達到休息的效果。

從此夜晚更寧靜
——馬歇爾彈簧的啟發

BEAUTYREST獨立筒袋裝彈簧，不僅個別獨立，還能夠單獨伸縮。因此，躺在上面的人，無論採取哪種睡姿，床墊都能與他的身體輪廓完全服貼，均勻撐托全身各個部位，使脊椎維持一直線，符合人體工學，讓原本緊繃的肌肉得到紓解，快速進入深沉熟睡狀態。

另外，它能夠有效吸收因睡姿轉換所造成的震動和噪音，不會影響旁人的睡眠。

這項劃時代的發明，最早的原型，來自英裔加拿大人馬歇爾（James Marshall）的袋裝螺旋彈簧（又稱馬歇爾彈簧）。

他從一台絞肉機得到靈感，突發奇想把一個個螺旋彈簧，個別包覆在布袋裡。這個創意，在1900年取得加拿大專利。他以此為基礎，接著製作出採用袋裝彈簧的床墊，稱為「通風床墊」，推出後就備受市場關注。

手工製作的缺憾
——價格居高不下

儘管創意領先時代，這個床墊的商業成就卻相當有限。

原因在於，馬歇爾彈簧必須靠手工一個一個製作，再一一裝入布袋中，耗時又費工，使得成本高昂，不但無法大量生產，價格更是遠遠超過一般人所能夠負擔。

當時，只有英國的鐵達尼號、瑪麗皇后號等豪華郵輪和商船，才用得起如此奢華的馬歇爾袋裝彈簧床墊。

也因此，即便馬歇爾彈簧問世多年，多數人仍對「袋裝彈簧床

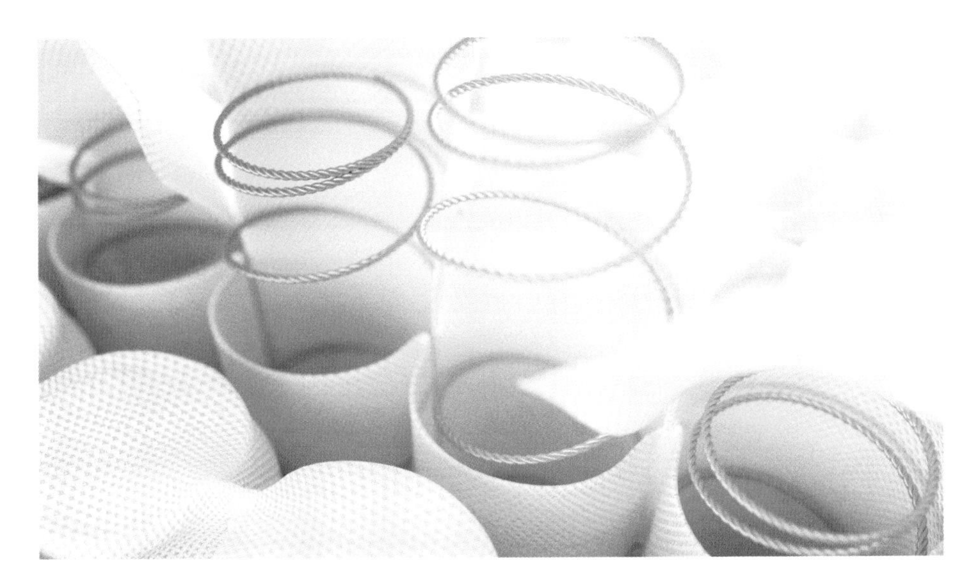

席夢思公司研發出能夠大量製造獨立筒的機器，降低生產成本，帶動獨立筒床墊普及。

墊」一無所知，也就不足為奇了。

突破價格局限
——探索機器製造的可能

要突破這個局面，就必須製造出可以大量生產獨立筒袋裝彈簧的機器。

幾年之後，一個工業設計界的傳奇人物蓋爾（John Franklin Gail），成功完成這個關鍵設備，讓獨立筒床墊普及成為可能。

「他是席夢思的『愛迪生』！」1922年，席夢思公司的內部刊物如此形容蓋爾。而他與「席夢思」的緣分，起自一份廣告信函。

蓋爾於1872年出生於愛荷華州一處農場，幾乎沒有受過太多正規教育，但他和父親一起經營一間小型床墊製造廠，所有生產床墊的機器，都是他自行設計出來的。

某天，席夢思工廠的主管，在一份廣告看見蓋爾設計的機器，驚為天人，於是請他設計一台鐵線矯直機——從未看過矯直機的蓋爾，竟然只用了六十天就設計完成。二十六歲的蓋爾於是在1898年獲得延攬，進入席夢思公司工作。

蓋爾畢生總共獲得46項發明專利。

很長一段時間，在席夢思工廠各個角落，每天精準、規律地敲打運作的拋光機、捲線機、打結機、矯直機、織布機等各式各樣機器設備，幾乎無一不是蓋爾的傑作；「席夢思」的大型捲線機、輕鋼管，更是他的經典之作。

過去製造機器大量生產鋼絲床墊的成功經驗，讓席夢思二世興起機器化生產獨立筒的念頭。喜歡創新的他，找來蓋爾，開始研發生產袋裝彈簧的機器。

工業量產的奇蹟
——獨立筒床墊普及

蓋爾不負所望，設計出一種可以快速捲繞成彈簧，再一一插入布袋裡的機器。這台可以大量生產獨立筒袋裝彈簧的機器，在1925年加入生產線。此時，馬歇爾彈簧的專利早已在1917年到期，「席夢思」獨立筒袋裝彈簧床墊成功以機器製造量產上市，逐漸取代鋼絲彈簧床或連結式彈簧床墊的市場需求。

1925年8月31日，「席夢思」以「BEAUTYREST」之名，取得獨立筒袋裝彈簧床墊的商標，更憑藉著創新的不受干擾之睡眠體驗，獲得獨步世界、行銷全球七十年的專利權，吸引全球床墊製造廠商跟進仿效。

BEAUTYREST獨立筒袋裝彈簧床墊的市場反應空前熱烈，風靡全世界，即便在全球經濟大蕭條的1930年代，依舊每天可見滿載的火車和卡車穿梭美洲大陸，配銷到全國、輸運到海外。

這項革命性的發明，不僅讓「席夢思」徹底改變床墊產業的未來，也將「席夢思」推向另一個輝煌的時代。

2 獨立筒袋裝彈簧的奧祕

數年前，日本席夢思社長伊藤正文，提到一張BEAUTYREST獨立筒袋裝彈簧床墊，特別的是，它已經使用超過八十年。顯然，「席夢思」床墊經久耐用，絕非虛傳。

如果把彈簧床墊比喻為人體，彈簧，就是心臟。包覆著心臟的，還有表層的布花面料；以及介於兩者之間的舒適層，主要的材料有泡綿、乳膠、記憶膠等，讓身體不會直接躺在彈簧上。

一張好的床墊，有如精密製造的名錶，在日日如常運作的表面之下，有著繁複的內部結構，形成環環相扣的系統，成為現代人生活中值得信賴、不可或缺的好夥伴。

床墊的心臟
——F1賽車等級的鋼線

一張張BEAUTYREST獨立筒袋裝彈簧床墊，看似在臥室安靜地伺候著；然而它隨時準備好，一有人躺上去，裡面的每一顆彈簧就發揮支撐的力量，提供人體最舒適的感受。

彈簧好壞的關鍵，就在使用的鋼材。

BEAUTYREST獨立筒袋裝彈簧所使用的鋼材，採用最高等級、高強度的碳錳鋼線（高碳錳鋼），不僅使用年限長，耐用度比一般床墊高出兩到三倍，也有極佳彈性。

高碳錳鋼除了添加錳元素成分，經過攝氏上千度的高溫加熱，待鋼線冷卻再進行回火處理，因此具有很強的抗擠壓、抗衝擊、抗磨損等特性。

這樣超強的鋼線，除了「席夢思」，過去常被F1賽車引擎、鋼琴線、吊橋索纜等所採用。

日本席夢思生產的獨立筒袋裝彈簧，採用的是日本第一大、全球第四大鋼線廠——日本新日鐵住金鋼線廠（Nippon Steel & Sumikin SG Wire Co., Ltd）供應的高碳錳鋼線。

日本最知名、連接神戶和淡路島之間的明石海峽大橋，是目前世界上跨距最大的橋梁及懸索橋、擁有世界第三高的橋塔，便是使用該公司生產的鋼材。

睡不塌？

——預壓縮提高抗壓彈性

床墊因結構設計不同，軟硬度也不同，以符合不同消費者多樣化的需求。那麼，「席夢思」究竟如何思考彈簧床的彈力設計？

最核心的因素，在於彈簧的軟硬度。

左右彈簧軟硬度的關鍵很多，包括：鋼線的粗細、彈簧圈的直徑、彈簧的圈數和高度，每一項都會影響彈簧支撐的力度。

鋼線愈粗，彈簧的硬度愈強，回彈力道、支撐力都相對較好。反之則否。

彈簧圈的圓形直徑愈大，彈簧的撐托力愈柔軟；反之，彈簧硬度相對增加，回彈力愈強。

在高度相同，而且彈簧的粗細、直徑大小等相同的前提下，彈簧圈數愈多，彈力相對增加。

除了仔細評估鋼線粗細、圓圈大小及數量，確保產出時，床墊擁有最佳彈力，席夢思公司更深入考慮時間的影響。

床通常長期使用，彈簧前面的三分之一容易彈性疲乏，影響床墊高度和柔軟度。許多人會發現，家裡的床睡久了，床邊已經傾斜、臀部躺靠的部位也凹陷。這些現象，都是因為彈簧彈性疲乏的關係。

因此，「席夢思」革新設計，先將彈簧壓縮為原本高度的25％至40％，再裝進獨立筒袋。這個步驟，讓彈簧結構更緊密，可以提高抗壓彈性和支撐力，增強彈簧的耐用性。

舉例來說，一般彈簧完全釋放展開，高度是24公分，假設預壓縮三分之一，變成16公分，當放在布袋內，就會產生往上釋放的力量，形成支撐力道。當人們躺在獨立筒袋裝彈簧床墊上，可以明顯感受到這股強大的支撐力。

「席夢思」獨立筒袋裝彈簧的預壓縮比例，並非一成不變，會視軟硬需求，設定在25％至40％不等。這項領先業界的設計，可以承受至少一百公斤的重量，避免彈簧因長久使用而產生彈性疲乏。

零噪音
——專用袋減少彈簧摩擦

如果你坐在國家音樂廳裡，屏氣凝神，傾聽知名鋼琴家的演奏

SIMMONS

從縫線到結構設計的巧思，都會讓一張床墊變得不同。

會，當美妙的音樂流瀉而出，你會發現，演奏者按下每一個黑白鍵，即跳出屬於那個琴鍵獨特的音調，每個鍵盤單獨運作，不會連動旁邊的琴鍵。

這樣的設計概念，也融入「席夢思」產品，且更細心地多了一層保護，在每個彈簧外層包覆上針軋式不織布纖維袋。這個纖維袋，可以減少彈簧之間直接摩擦，當睡在身邊的人翻身時，床墊也不會產生嘎嘎響的噪音。

這種不織布有幾項獨特之處，例如：韌性高、不易撕破卻透氣性極佳、水分容易散開。

同時，為了避免彈簧頂端和尾端的彈簧線圈刺破布袋，「席夢思」充分發揮工匠精神，將每個彈簧收尾時內縮，並獨立封裝在如此強韌的不織布袋中，才能夠禁得起長達十年保固期的品質考驗。

維持床墊結構

——日本研發特殊黏著劑

「席夢思」連彈簧袋封裝的方式，也與眾不同。

特點一，利用獨家專利的高週波熱處理封裝技術，有別於一般獨立筒業者採用綿線車縫方式。

特點二，側邊封裝，和一般在頂部封裝不同，可以有效改善頂部封裝影響床面平整度的缺點，以及人體躺臥摩擦的影響。

特點三，在每個彈簧與彈簧袋之間，預留1公分的空隙，再以高週波處理封裝，彈簧便不會因下壓而相互碰撞或發出雜音。

至於黏著劑，「席夢思」選擇的是符合頂級環保標準的日本積水富樂公司生產的熱熔膠，進行三點式連接黏著。

透過這個先進黏著劑技術，不但接合精準、黏著力強、能迅速風乾、不易脫落，獨立筒彈簧個別上下活動時還能緊貼人體，達到支撐效果。

同時，透過特殊黏著設計，彈簧袋緊緊相連，又禁得起長年累月彼此拉扯而不脫落，維持床墊結構完整。

以專用黏著劑固定每排袋裝彈簧，也是BEAUTYREST獨立筒袋裝彈簧床墊之所以能夠保持彈力，在長期使用中不會傾斜、變形的奧祕之一。

所謂「魔鬼藏在細節裡」，「席夢思」的成功，在於堅持品質，每一項材料、每一道工序、每一個細節，都堅持等級最高、品質最優的標竿。

3 不只是技術

20世紀以來，BEAUTYREST獨立筒袋裝彈簧床墊號稱是「世界上最棒、最好的床」。

除了鑽研技術，讓世人大開眼界，席夢思公司更即時掌握趨勢，隨著現代人的身形改變、對品味的極致追求，以及緊繃的生活壓力，一一提出解決方案。

美國人長高了
——加大床墊尺寸

一則「席夢思」刊載於1963年的雜誌廣告，有著這樣的畫面：

一對男女躺在擁擠不堪的床墊上，醒目的標題寫著「臥室裡的空間之戰」，一旁的小字則宣告著「更大的床，帶來更大的好處」……

1963年，美國女性平均身高是5呎5吋（相當於165公分），而1921年，美國女性的平均身高是5呎1吋（相當於155公分）。

1963年，美國男性平均襯衫尺寸是42號，足足比1930年美國男性平均襯衫尺寸的38號大了好幾個尺碼。

從美國女性的平均身高、美國男性的襯衫平均尺寸變化，「席夢思」意識到：美國人長高了。

其實，早在1950年代，「席夢思」即注意到這個趨勢，研發人員開始思考：床墊可以做什麼改變？

答案是：加大尺寸。

造福身形壯碩的人們
——King size與Queen size的誕生

1950年代，當時美國席夢思床墊的尺寸為長75英吋（相當於190公分）、寬54英吋（相當於137公分），席夢思公司掌握消費者的生理體徵變化，在1958年推出標準雙人床（Queen size），長寬分別為80英吋與60英吋（相當於203公分與152公分）；之後，美國席夢思再推出特大雙人床（King size），長度同樣為80英吋，寬度增為72英吋（相當於182公分）。

此後數年，在《生活》等美國知名雜誌，均可看見「席夢思」的廣告，讓更多消費者知道，「席夢思」如何開發出特殊的床墊，實現提供夜夜好眠的承諾。

美規標準雙人床與特大雙人床，可說是創新時代的壯舉，造福了成千上萬身形壯碩的人們。

擄獲皇室心
——優雅的布花美學

「席夢思」對於最佳品質的要求，也展現在布花選擇上，早在近百年前便是如此。

「席夢思」第一次使用高級的布花，是在1928年。以花卉織錦緞面布料包覆床墊，大幅提升了BEAUTYREST獨立筒袋裝彈簧床墊的價值。

這種隨處皆可見其用心的精緻，以及對於美學的追求與躍進，讓「BEAUTYREST」才上市沒多久，就徹底擄獲了皇室貴族與富豪名流的心。

這個創意，據說源自於一家餐廳的餐巾。

某天，席夢思二世在一家高級餐廳用餐，當他拿起桌上的餐巾時，發現它的緞面細膩，觸感柔順，花色優雅，極為賞心悅目。當時

「席夢思」的床面非常簡單，他心想：「如果把這個拿來做床墊的外層布料，床墊的感覺和外觀一定大大不同。」

於是，他打聽到一家蘿絲瑪莉工廠，位於北卡羅萊納州，是美國少數能夠生產寬大錦鍛布料的工廠。他立即訂購了大批錦緞，用以製作床墊布面。

隔年，蘿絲瑪莉工廠因財務問題，導致供應「席夢思」的錦鍛布料將面臨斷貨之虞。

得知此一消息後，席夢思二世毫不遲疑，決定買下工廠，自行經營，以維持精美高貴的床墊品質。

歷久不衰的堅持
——始終把顧客放在心上

從這個故事可以一窺，「席夢思」百年來對於品質的執著，公司最高領導者如何時刻留意精進，把顧客放在心上。這種堅持，到如今仍然一樣。

2014年，台灣席夢思帶領經銷商到美國參訪席夢思公司的睡眠

微小處見用心。席夢思公司不僅重視床墊的舒適度，也重視包含布花等設計的美感與質感。

科技先進研究中心。在那裡，參訪團發現，為了要把布花做到美觀漂亮，還要兼具實用性，當時，實驗室裡擺滿許多精美的布花，就像是一間藝術中心。

每個實驗空間裡，都是各式各樣的設計用素材，以及忙碌的設計工作人員，不斷研究、測試，讓人留下深刻印象。

紓解文明壓力
——護脊床墊懂你的痛

因為生活及工作壓力愈來愈大，愈來愈多人感到身體痠痛。有人長期使用3C產品，姿勢不良；有人過於忙碌，缺乏時間運動，造成血液循環不良，這些狀況，都會導致肩頸僵硬或四肢痠麻。

席夢思公司注意到這個當代文明現象，因此決定研發護脊床墊（BACKCARE），後續更推出強調上背、腰、臀、大腿、小腿五區撐托護脊功能的床墊，對經常為肩頸背脊僵硬，或早晨起床時背部、腰部疼痛所苦的現代人來說，是一大福音。

護脊床墊在日本市場格外受到歡迎，上市後大放異采。

維護更輕省

——免翻面床墊問世

在BEAUTYREST獨立筒袋裝彈簧床墊系列產品問世七十五週年的2000年，「席夢思」再一次推出劃時代的產品——免翻面（Non-Flip）床墊。

以往的床墊，舒適層採上、下雙面設計，因此會建議顧客，買回家的前半年，最好能夠每個月前、後、上、下互換一次，之後每三個月翻轉一次，定期保養，以避免產生受力不均勻的情況。

此外，根據統計，全美國有超過70%的使用者，並沒有翻轉床墊的習慣。

因為，一張獨立筒袋裝彈簧的床墊重量，可能高達30公斤以上，對於辛苦操持家務的家庭主婦、獨居者，或飯店負責房務的工作人員而言，無論翻轉床墊或翻面，都非常吃力。

於是，席夢思公司開始思索，床墊在使用的便利性上，應該要盡量友善，而不是造成使用者的負擔，因此，革命性的「免翻面床墊」應運而生。這項創舉，讓「席夢思」再度成為業界先鋒，引起同業爭相跟進。

「免翻面床墊」的使用者，只需要每隔一段時間，將床墊的頭尾方向調轉，即可在不用翻面的情況下，保持多年的耐用性與原有的彈性和舒適度。

這源自於「席夢思」卓越的製造技術與工藝。

4 大象的考驗

一輛重達1,027公斤的福特A型車（Model A Ford），停在一張「席夢思」BEAUTYREST獨立筒袋裝彈簧床墊上。

這是一張老照片，拍攝於1928年4月間，放在美國肯塔基州一間家具公司的展示櫥窗裡。

1950年，美國知名的《馬戲團雜誌》（*The Circus Magazine*）刊登的廣告中，同樣一張床墊，上面站著一頭大象和一位美麗的女馴獸師；旁邊並列的照片中，則是一隻重達208公斤的大猩猩，穩穩坐在上面。

在廣告中同時展示，這些被大象和大猩猩踩躪過的床墊，剖開後拆掉獨立筒袋，那些彈簧竟完好如初。

照片和廣告畫面傳遞一個共通的意象：

BEAUTYREST獨立筒袋裝彈簧床墊的絕佳品質，可以禁得起各種嚴苛考驗。

因為有如此的自信，每一張席夢思公司出廠的床墊，都提供十年保固的品質承諾。

不禁讓人好奇，出廠前需要經過如何的嚴格考驗，才能確保品質，讓每張床墊都能睡上十年？

地表最強床墊

——翻滾重壓30萬次不變形

重達109公斤的六角柱形滾輪測試機，經過五天五夜、二十四小時日夜不停來回滾動，累計多達20萬次滾壓；此外，一個形似人體臀部的機器，以同樣109公斤的重量，下壓10萬次，模擬床墊舒適度改變的情況。

透過如此周密的測試，模擬床墊經十年使用週期之後，床墊下陷不能超過2.5公分，才能夠達到合格產品的標準。

這個標準，遠比美國測試及測量協會（American Society for Test and Measurement, ASTM）要求的不超過4公分，還要嚴格許多。

這個床墊耐壓測試（cornell test），又稱作康乃爾測試，是美國測試及測量協會認可的測試方式。

還有一個美國測試及測量協會認可的測試方式，是重力滾輪測試（rollator test），也是席夢思公司多年來一直採用的品質標準之一。

BEAUTYREST獨立筒袋裝彈簧床墊的重力滾輪測試結果，平均產生的凹陷僅有0.95公分。

「在席夢思公司，工廠都有先進的床墊檢測設備，嚴格把關品質，」席夢思蘇州廠（SIMMONS BEDDING & FURNITURE [SUZHOU] LIMITED）總經理陳檳指出，「席夢思」品牌出廠的床墊都必須抽檢，通過數十萬次強烈擠壓測試，確保耐用度。

透過床墊耐壓及重力滾輪這兩種國際認可的測試方式，等於床墊必須經過30萬次不停翻滾、重壓，仍不變形，猶如千錘百鍊般嚴格控管品質，在正常使用與保養下，即使經過十年，依然能維持一定的彈性。

不良率僅有0.18

——保持一貫標準

獨立筒袋裝彈簧、泡綿、布花等多是機器製作，但床墊組裝往往需要人工操作組合。一張頂級獨立筒袋裝彈簧床墊從製作到完成，可能需要耗費上百個工序，在繁複的生產作業流程中，保持一貫的品質

BEAUTYREST DAY
at the Circus

"Hup," shouts the trainer —and "Big Mo," queen of the 9 herds of performing elephants under the big top hoists her five tons of weight up into the air, both rear feet firmly planted on a Beautyrest mattress. She did no damage to the mattress. What better proof of the durability of Beautyrest?

Next come M'Toto —all 460 pounds of her. She bounced and jostled on same Beautyrest when it was thrown into cage with her. When the Beautyrest mattress was cut open for inspection, not a coil spring was broken. No lumps or hollows. Because each of the 837 springs in Beautyrest is wrapped in its own pocket—absorbs tension separately. Gives natural, "Levelized Support."

Famous clown stretches out on same Beautyrest. Smiles, because Beautyrest is his favorite spot in Clown Alley. Matter of fact, all circus folk like Beautyrest, because no other mattress absorbs jolts and jiggles of circus caravan so gently. You'll like Beautyrest luxury-comfort, too. It's yours for about 1½¢ a night. (Price is $59.50. There's a 10-year guarantee, which brings the price over 10-year period to about 1½¢ a night.) At your dealer's.

Only SIMMONS makes BEAUTYREST*

*TRADE-MARK REG. U. S. PATENT OFFICE
COPR. 1950 BY SIMMONS CO., MDSE. MART, CHICAGO, ILL.

Ad No. 227
The Circus Magazine—1950 Annual

1950年，美國《馬戲團雜誌》上的一則廣告，展現席夢思獨立筒袋裝彈簧床墊即使經過大象或猩猩蹂躪，裡面的獨立筒彈簧依舊完好如初。

標準，是「席夢思」百年來不變的經營之道。

「1,000張床墊中，只有1.8張可能有問題，」日本席夢思董事、海外事業本部長柯王仁自信地說。

位於日本的亞洲席夢思總部，供應全亞洲各地的床墊。長久以來，日本席夢思富士小山廠的床墊不良率僅0.18%。

嚴謹的執著

——人人都是品管員

「席夢思」如此嚴謹的品管要求，貫徹日本企業對產品品質高標準的堅持與執著。

以縫紉部門為例，小山廠內負責品管檢驗的工作人員，光是檢查床墊上的布花花型，一天就得盯著數百張床墊、上萬個花型，全部嚴密把關，只要有任何「跳線」、出現線頭等瑕疵，都要立即重新車縫或剪掉。

即便是一塊商標，每次都要能精準車縫在每一張床墊上的相同位置，這也是一門學問。

每個工序，都是靠操作人員的經驗累積和技術養成，確實調校機器，做到每個步驟精準無誤。

「所有操作人員，我們都定位為品質管理員，」柯王仁道出「席夢思」和一般床墊廠商的不同，每一位操作員完工後都要自己先檢查完畢，才能再送到下一個生產流程。這就是「席夢思」所強調的匠心工藝精神。

多種精準測試
——嚴密把關各種原材料

在美國、日本富士小山廠、日本百分之百投資與直接管理的席夢思蘇州廠，以及全球各地的研發中心，日夜不間斷地針對各種送入倉庫的原材料和成品進行測試，拉力、承重、摩擦、彈性，以及布料、海綿的耐酸鹼性等。

除了成品的檢測，「席夢思」對於各種原材料的品質，同樣嚴格把關，務求符合國際標準。

測試項目精細多元，不一而足。例如，測試床墊舒適層布料紡織物的延展性、泡綿的耐用性，以及原材質是否含有汞、鉛或其他重金屬，或者是否含有甲醛等有害人體的有機化合物等。

柯王仁以席夢思蘇州廠為例，他談到，在籌備期間，光是泡綿這項材質，為了找到符合標準的原材料，就花了兩年多的時間。

首先，針對規模較大的製造工廠，比對它們的品質，從中篩選一批合格的工廠。

之後，又委託市場調查研究公司，採樣、檢測每一家生產的海綿，做成報告，隔一段時間，再次檢測、撰寫報告。幾經調查分析，留強汰弱，最終找到兩家符合標準的廠商。

採購回來的原材料，經過席夢思公司再次檢驗，確實合格的原料才可投入生產。

好還要更好
——持續搜尋新穎材質

即便如此，席夢思公司仍然不斷尋求最新、最好的材質。

以黏著劑為例，席夢思蘇州廠原本採用的已是日本研製最先進的黏著劑，當初光是黏著劑便研究兩年，請黏著劑公司提供各種不同樣品，最後找到最好、最耐用、對消費者最無危害的產品。

甚至，不僅測試成果要能保證十年經久耐用，每一份原材料檢驗合格的耐久性測試報告，也要保存至少十年，以確保對消費者負起最佳品管的承諾。

不論是日本工廠或席夢思蘇州廠，都始終堅持席夢思公司一貫「好，還要不斷更好」的品質要求。

床墊也要防火
——獨特的阻燃纖維

為塑造更健康、安全的睡眠環境，「席夢思」床墊材質都經過防蟎、抗菌、透氣和防火處理，所有產品均符合各國適用的安全、健康和環境法規，讓消費者睡得更安心適意。

例如，由於臥室床墊等寢具大都是易燃物，為了安全考量，席夢思公司領先同業，採取專用的阻燃劑混合天然纖維、合成纖維，製造成獨特的耐燃材料，有助於隔離並限制火勢蔓延，完全遵守美國、英國、加拿大、日本或銷售當地之國家法規規定的防火安全標準規定。

多達百種的測試方式，從布料纖維、泡綿到整張床墊成品，任何瑕疵、不良品或有害物質，都無法逃出檢測人員銳利的鷹眼。只要不夠完美，即刻淘汰，絕不出貨。

5 創新三環鋼弦彈簧

禁得起翻滾重壓30萬次不變形的彈簧，樹立起業界難以超越的標準；然而，席夢思公司並不自滿於此。2004年，創新工藝再上層樓，推出革命性的技術——三環鋼弦獨立筒彈簧，讓躺臥的舒適度跨入新境界。

來自金門大橋的靈感
——減震效果更上層樓

創新的靈感，來自美國舊金山的金門大橋。

施工期歷時四年、1937年完工通車的金門大橋，跨越舊金山灣和太平洋的金門海峽，橋墩跨距1,280.2公尺，曾是世界上跨距最大的懸索橋，也是當地知名地標。

在金門大橋南、北兩側，有如七十層樓高矗立的兩座橋塔，各由兩萬七千多根鋼絲組成直徑近一公尺的巨大鋼纜連結支撐。

而在兩條大鋼纜和橋面之間，設計師採用「聚麻成繩」的方法，由數條如鉛筆般粗的鋼條互纏絞繞，成為一條細鋼纜索，垂直懸吊連接。強大的支撐力道，足以拉撐橋面及行經車輛的重量，又兼具輕巧靈活與彈性，可以對抗強風和地震的擺盪。

三條或多條鋼條纜索的設計，常見於吊橋和建築工地，也帶給席夢思公司創新的靈感 —— 將這種先進技術導入床墊業，交織三股鋼線為一條鋼線，製成創新的三環鋼弦彈簧。

三條鋼線交織成一股鋼線，不僅較單股鋼線強韌，運動分離性也更佳，可以減少枕邊人輾轉反側時產生的震動，讓不受干擾的睡眠享受更上層樓。

十七個足球場的威力

—— 強化結構，經久耐用

除了韌性，三環鋼弦彈簧使用三股鋼線，整體鋼材用量是業界的三倍 —— 以一張BEAUTYREST BLACK系列獨立筒袋裝彈簧床墊為例，使用的三環鋼弦線總長度相當於十七個足球場。

特殊的強化結構，讓床墊中的彈簧更不易傾斜、變形；再加上，延續「席夢思」獨立筒袋裝彈簧預先壓縮三分之一高度的設計，三環鋼弦彈簧經過高達490萬次的預壓縮，耐用度比一般床墊彈簧強韌

席夢思公司將建築業使用的三條或多條鋼條纜索設計導入床墊產業，製成三環鋼弦彈簧。

162倍，更加經久耐用。

回應你的身體
——不同曲線，不同支撐力

「席夢思」在床墊科技的創新研發，精益求精，2011年推出兩段式彈力設計的智慧感應獨立筒袋裝彈簧。

和一般獨立筒彈簧最大的不同是，智慧感應獨立筒袋裝彈簧的前端距離較密、直徑較小，和身體接觸時會更服貼；而彈簧的中、後段，距離較寬、直徑較大，可以提供不同身形曲線者不同的支撐力。

到了2017年，為了讓床墊更精準敏銳地支撐身體各部位，「席夢思」推出雙層獨立筒袋裝彈簧。除了下層採用三環鋼弦獨立筒彈簧，雙層獨立筒袋裝彈簧的上層彈簧，是迷你的獨立筒袋裝彈簧，強調能「順應身形」，敏銳感應曲線與重量，提供舒適的包覆性，並具備有助釋放壓力的紓壓功能。

雙層彈簧的研發，即便是最輕微的動作，床墊都能提供最細膩的支撐，在全球獨立筒袋裝彈簧科技領域，樹立另一個里程碑。

6 專利設計打造經典

2017年，日本席夢思推出頂級的BEAUTYREST BLACK系列「輝煌」（Brilliance）床墊，上墊加下墊的組合，至少要價新台幣86萬元。

這張身價非凡的床墊，立即引起全球矚目。

除了採用新穎的三環鋼弦獨立筒彈簧，這款床墊採用雙層獨立筒彈簧結構科技設計，提供精準、敏銳的支撐，更搭配日本專利的負離子纖維（e-ION CRYSTAL）和泡綿科技，創造出最舒適的睡眠氛圍；此外，微型晶鑽嵌入AIRCOOL記憶膠設計，具有絕佳的透氣恆溫科技。

種種頂尖的設計，無不見證了席夢思公司以尖端技術，打造經典的實力。

帶進空氣中的維他命
——每立方公分300個負離子

睡覺時，也能夠呼吸負離子？

沒錯，席夢思公司首創將負離子纖維運用在床墊上，並經過證實，在床墊50公分至60公分範圍內，負離子濃度最高，含有大量高品質的碳與氧。

此外，還有另一項實證，就是在每立方公分空氣中，可產生高達300個負離子。

這項革命性的創舉，把「空氣中的維他命」帶入寢室。

2002年，日本Adan礦物研究實驗室和松下企業合作，研發出負離子纖維科技，把礦石及電氣石等14項可產生負離子的天然礦物質，以專利配方濃縮壓製成長條後，編織成纖維。席夢思公司使用的即是此項創新發明。

一般而言，負離子濃度代表空氣的狀態，負離子的濃度愈高、空氣品質愈好。因此，在日本，負離子被稱為「空氣中的維他命」，能使人心神安定，又有「舒適離子」、「元氣離子」之稱。

當躺臥在負離子床墊上，翻身時，透過身體與床墊的摩擦力，即能散發在大自然中才有的負離子；即使空氣靜止不動，只要在床墊使用期限內，都會持續產生負離子，可以中和讓身體產生疲累感的正離子，減輕疲勞和壓力。

二十倍的透氣性
——微晶鑽高效排熱

即使是開著冷氣的夏夜，許多人都有睡到一半被熱醒，甚至汗流浹背的不快經驗。這攸關床墊的透氣性。

除了面料，扮演關鍵角色的，就是舒適層裡的內層墊料。泡綿首度被運用在床墊製造，是在1950年代，隨著塑膠工業逐漸取代橡膠品應運而生。

如今，大多數床墊採用多種複合材料，例如，泡綿和纖維結合，可增強袋裝彈簧的彈性和耐久性。

2010年，席夢思公司推出一項獨步全球的預壓舒眠科技（Transflexion），利用精準的預壓方式，讓泡綿的支撐達到最佳的回彈效果，並獲得美國專利。

不過，泡綿的重要性，不只是回彈效果。

透過泡綿、記憶膠等襯材的研發與加強輔助，可以幫助使用者均勻釋放全身壓力，又吸濕排汗、透氣不悶熱。

近年台灣席夢思引進的全系列床墊，都具有涼感科技，泡綿在其中扮演了重要的角色。

2012年，「席夢思」運用涼感科技AIRCOOL，研發透氣泡綿護邊結構、涼感網狀護邊，透氣性增加二十倍，延伸躺臥的舒適感並維持溫度。

「席夢思」還有一種創新設計，是在開放式巢狀結構涼感泡綿之中，添加GelTouch凝膠，在保持透氣的同時，也維持適宜的溫度。雖然加入凝膠的泡綿比較硬，「席夢思」注意到這個細節，因此使用比較厚的泡綿層來改善這個現象。

2012年，「席夢思」新推出的活力充電系統（BEAUTYREST RECHARGE），結合涼感記憶膠、智慧感應獨立筒彈簧技術，以及AIRCOOL涼感設計系統等高科技，讓床墊品質大幅提升。

甚至，在部分頂級床墊中，採用導入微型晶鑽的記憶膠，透過晶鑽傳導性絕佳的特性，排除身體和溫度產生的熱氣，達到溫度調節的功能。

百年工藝極致淬鍊
——超過兩百五十個專利

獨步全球的科技創新專利，來自「席夢思」累積百年工藝的極致精粹。

席夢思公司光是在美國獲得的專利就超過兩百五十個，例如：分析睡眠的動態實驗、床側防火設計、免翻面床墊、床墊防塌陷結構設計、躺臥時能延伸舒適性的床墊表面設計、獨家的舒適層（Pillow Top），以及彈簧緊密結合的結構設計等，多不勝數。

「席夢思」獨立筒袋裝彈簧床墊，在30公分至50公分不等的整張床墊厚度中，有許多襯材，包括外加的表面舒適層，以及內裡的多層海綿，例如：天然乳膠、記憶海綿、透氣海綿、晶鑽微粒記憶海綿……，還有各種抑菌、阻燃等眾多創新研發和專利技術加持，各有不同效用。

其中，FILCARE纖維具有抗菌除臭功能，使床墊表層更衛生；另外，還有日本獨特技術製造抗病毒除臭的VIABLOCK纖維，以及能夠有效調節睡眠空間濕度，以達到符合人體最適合的70%濕度環境的MOISCARE濕度調節纖維等。

這些技術雖然並不是由席夢思公司所發明，但卻善加運用於床墊，即是以提升睡眠的舒適度為出發點，體現了「席夢思」以「人」為尺度的初心。

第四部

價值

別追尋前人的腳步，而是追尋他們所追尋的。

故人の跡を求めず、故人の求めたるところを求めよ。

——日本詩人松尾芭蕉（Matsuo Bashō）

1 睡眠是一門顯學

日本席夢思的母公司Nifco前總裁小笠原敏晶，在一次大型會議中，語重心長地期許亞洲席夢思各國專業經理人：「我希望席夢思像LV一樣。」

Louis Vuitton，長久以來被視為精品龍頭，從1854年創立至今，不論產品暢銷度或對消費者的影響，始終維持不衰。

全球知名品牌顧問公司Interbrand，進行品牌調查「全球百大品牌」（Best Global Brands）長達二十年。在2019年的報告中，LV位居奢侈品牌第一名。

同樣的，美國權威財經雜誌《富比士》（*Forbes*）的「全球百大價值品牌排行榜」（The World's Most Valuable Brands）中，2019年的奢華品牌第一名，也是LV。

這樣的企業，難怪成為品牌經營的標竿對象。

當時坐在台下的曾佩琳，剛成為台灣席夢思總經理，她一方面感到驚喜，似乎在混沌的台灣市場長久摸索中，終於看到經營的曙光；另一方面，她也感到迷惑：「LV是精品名牌，代表的形象、定位、商業模式是什麼？誰在使用LV？如何才能成為床墊業的LV？」

曾佩琳平常很少穿名牌服飾、使用名牌包，過去在外商工作，銷售的是每幾天就要購買一次的快速消費品（Fast Moving Consumer Goods, FMCG），與使用年限長的床墊，是相當不一樣的產品。

床雖然也是生活用品，但價位高、使用年限長、汰換率低，消費習性和行銷策略迥異於她的過往經驗。何況如今定位為精品，行銷策略更是大為不同。

再貴也值得
——品牌溢價

曾佩琳決定好好觀察LV的使用者。

第二天，她在東京最熱鬧的街頭，找了一家咖啡館，坐在二樓靠窗的位子，俯瞰過往路人。

LV是日本人最喜歡的名牌之一，路上揹掛LV包包的行人，多到讓她目不暇給。坐了一上午，真正令她驚訝的是，喜歡LV的人形形色色，除了打扮時尚精緻的貴婦，也有人一身濃厚的藝術家氣息，甚至還有學生、一般上班族。

之後，曾佩琳買了一只昂貴的LV皮包，親身體會使用者的感受。

她經常在各地旅行、開會，旅程中總是帶著這個皮包，她深刻體驗到，LV果然是人生最好的旅伴，不僅因為它的精湛工藝滿足了各種需求，而且十分耐用，經典設計不退流行，難怪從名媛貴婦到年輕上班族，都願意付出較高的價格來擁有一件LV。

台灣的床墊產業一年約有七、八十億元市場，在一個如此小、消費者關心度低的產業，又是進口高價產品，曾佩琳思索著：如何讓消費者認為席夢思的貴是值得的？

也就是說，台灣席夢思必須創造「品牌溢價」（brand premium）。而要讓品牌有溢價效果，最重要的是，提升品牌價值。

睡眠知識的教育家
——從科學到醫學

整理席夢思的品牌精神與產品特色，曾佩琳發現亮點。席夢思公司百年來的企業使命是，帶給消費者最好的睡眠品質，進一步帶來美好人生的想像。她清楚地定位台灣席夢思：「不只是賣床墊，而是賣

持續以精湛工藝滿足消費者需求，是「席夢思」屹立百年的關鍵之一。圖為席夢思富士小山工廠。

優質舒適的睡眠。」

因此，要提升品牌價值，曾佩琳堅定地說：「首要之務是提升整個產業的層次，教育消費者了解睡眠的重要性，進而重視睡眠。」

被譽為睡眠醫學先驅、曾獲頒美國心理學會傑出教育家獎的康乃爾大學教授馬斯（James B. Maas），曾和多位睡眠專家一起與席夢思合作，進行睡眠研究。

他認為，任何一個想成功的人，都應該把睡眠當作必需品，而不是奢侈品，因為充足睡眠的效果，將提升工作效率，讓人擁有更充裕的時間。

之後，馬斯根據多年睡眠科學研究的結果，出版了暢銷書《睡出活力：你從未嚐過的清醒滋味》（*Power Sleep: The Revolutionary Program That Prepares Your Mind for Peak Performance*）。這本書很快就在台灣翻譯出版。

書中指出，一個人在睡眠中，平均一晚會轉換睡姿高達40次至60次之多，尤其是跟伴侶同床共眠時，更容易受到干擾，即使睡再久，仍然停留在睡眠期中的淺眠階段，無法有充足的時間進入最重要的「深沉熟睡階段 —— 慢波沉睡（delta sleep）」，以至於身體無法獲得充足能量，調節身體機能與免疫功能等。

曾佩琳發現這本書時，喜出望外，這無疑是幫消費者了解睡眠重要性的最好工具。

2003年，台灣席夢思訂購大量的《睡出活力》，並獲得出版社同意，另行印製全新書封，放上馬斯博士的照片、席夢思標誌和「Better Sleep Trough Science」的標語。這些書，台灣席夢思統統贈送給客戶，傳達睡眠相關知識。

台灣席夢思還引用書中內容，錄製成廣播廣告，甚至取代公司電話等待轉接時的音樂，成為行銷廣告的素材。

反映自我形象
——名人的雙S哲學

精品行銷講究內在自我形象的建立。曾佩琳進一步透過媒體廣告，營造成功、時尚、豪華的品牌內涵。

台灣席夢思打出了「雙S哲學」：睡眠（sleep）與席夢思

（SIMMONS）。以菁英人士重視睡眠、選擇席夢思成就成功之道，來行銷自家產品。

2005年起，在以菁英為主要閱讀族群的專業雜誌《商業周刊》、《康健雜誌》、《VOGUE》，席夢思陸續開闢廣告專欄：「席夢思‧睡眠決定成功專題」、「席夢思名人深度訪談」、「菁英成功系列報導」等系列專欄。

這些專題的主角，都是當時各行各業的菁英和成功人士，例如：電影導演魏德聖、網球選手謝淑薇、當代傳奇劇場藝術總監吳興國、奧美集團前董事長白崇亮、匯豐資產管理前台灣區負責人宋文琪，以及作家謝哲青等人。

以菁英吸引菁英
——強調良好睡眠是成功的支點

這些名人現身說法，分享個人的睡眠習慣與成功之道，點出成功需要良好的睡眠來支撐，巧妙連結「成功、睡眠、席夢思」三者的相關性。

建築師黃宏輝，是五次國家建築金質獎得主。他在報導中說：「……白天解不開，但是在我的夢境裡竟解決了我的煩惱……」，他十分滿意「席夢思」，讓他體驗到好床的重要性。

時任奧美集團董事長白崇亮，猶記得第一次從席夢思床上醒來的感覺：「……整個身體被服貼、均衡地支撐著……」他坦言，這樣的生理支撐感和親人朋友對自己情緒心理上的支持，同樣珍貴。

以菁英吸引菁英，塑造品牌價值的專欄報導式行銷手法，不著痕跡地帶出「席夢思」的品牌形象，頗受讀者好評。

融合景致與頂級體驗
——藉情境營造美好想像

「睡眠成就美好旅程」的系列廣告，則是以台灣席夢思總經理採訪夢幻美眠之地的遊記，輕鬆將品牌與美景、飯店的精緻文化連結，例如，在加拿大華麗如皇宮的露易斯湖城堡飯店，體驗「天下第一窗」的景致；在峇里島精品飯店寶格麗，享受獨家海灘的星光璀璨；在日本曾是天皇離宮的京都「嵐山翠嵐」，回憶舊時貴族聚集題詩賞景的雅趣。

當讀者沉浸在這些場景，「席夢思」的頂級形象也不知不覺進入讀者腦海。

用科技解決時代問題
——百年不斷自我提升

對於重視產品功能的品牌來說，持續提升技術、推陳出新，是品牌溢價的最終關鍵。

百年來，除了在床墊功能與美感不斷創新，其實，「席夢思」還研發出許多床款、家具的領導商品。

1897年，黃銅床問市，售價高達500美元，是當時銷售最成功的產品。

1912年，製造出第一張隱藏式壁床（wall bed），不使用時，可以拉起直立收納在牆壁裡。

1923年，推出世界第一套金屬製全系列的寢具，包括：床架、床邊桌、書桌椅、梳妝台。

1926年至1946年間，折疊椅及牌桌、庭園休閒椅、門廊椅、床頭板等多樣新發明，也陸續問市。

1930年，全球經濟蕭條，許多人被迫放棄自己的家，和他人分租房子。「席夢思」首創可躺臥、當床使用的長沙發椅（studio couch），解決分租者的困擾。

1940年推出的沙發床（hide-a-bed），則可說是家具史上最出色的創新發明。當時正逢第二次世界大戰後，美國軍人大量從海外返鄉，亟需住所。「席夢思」因應這個需求，將長沙發椅改良成為沙發床。多虧有了沙發床，客廳到了晚上就變臥室，讓這些頓失所依的大兵可以暫住父母家，慢慢找工作。

高價不卻步
——台灣信譽品牌

領先時代的科技、體貼民眾的需求，「席夢思」以更高價值贏得顧客信任，創造品牌溢價。

2006年，席夢思公司推出黑標系列（BEAUTYREST BLACK

Luxurry Collection）床墊，以三環鋼弦獨立筒袋裝彈簧，打造最強韌的撐托結構，讓人體更放鬆，並且採用頂級天然材質。

這張床，在台灣推出時，定價五十餘萬元。雖然價格高得讓人咋舌，仍獲得金字塔頂級客群的青睞。

事實上，願意花多一點錢買好床的，不只是頂層階級。

黑標系列在美國推出後，第一位訂購的人，是一位藍領卡車司機。這位司機經常長途開車運貨，需要充足優質的睡眠，因為認同「席夢思」的價值，願意以高價買一夜良好的睡眠，以獲得工作的安全和家人的安心。

更上層樓
——持續豐盈睡眠能量

2017年，台灣席夢思又引進日本製造的頂級輝煌系列（BEAUTY-REST BLACK Brilliance）。這系列新床，採用雙層獨立筒彈簧結構，加上首創的負離子床墊科技、晶鑽導入涼感記憶膠等先進科技，讓睡眠能量躍上另一個層級。

因為製作繁複，輝煌系列價格高達八十餘萬元；但是，就有一位顧客，大手筆一口氣訂購六張輝煌系列床墊。

暢銷全球的雜誌《讀者文摘》（*Reader's Digest*），每年舉辦「信譽品牌」調查，已超過二十年。這項調查由涵蓋亞洲五大市場的消費者推薦，並且以「信賴度與信用」、「品質」、「價值」、「對顧客需求的了解」、「創新」、「社會責任」六項指標，進行評比。

2020年，席夢思品牌獲得台灣區居家用品類最高榮譽白金獎。白金獎的得主不只是評分最高，而且總分明顯超越領域內分數最接近的對手，台灣席夢思已經超過十年贏得這個獎項。

顯然，「席夢思」以優質精品的形象深耕台灣，已經受到社會大眾的肯定與信賴。

2 如此奢華，如此溫柔

如何體驗一張床，才能充分感受好眠的奢華與溫柔？

在預約時間，抵達席夢思台北品牌概念館。這是台北席夢思2017年斥資數千萬元打造的台灣第一家體驗館，就位於大直，處處林蔭的高級社區。

服務人員立即上前，拉開厚重的大門，微笑招呼：「歡迎光臨。」

一對一尊榮服務
——首創體驗館

走進品牌概念館，從天花板垂掛而下的立體吊燈，不由得讓人眼前一亮。以三個環形連結而成的燈飾，正象徵「席夢思」的經典產品三環鋼弦，又如弦月高掛夜空，旁邊還伴著點點星光，是幾盞巧妙的嵌燈。

服務人員遞上室內拖鞋，請客人入坐旁邊的沙發，然後端來熱茶。輕啜一口，淡淡香氣襲來，耳畔響起柔和的樂音，身心頓時為之放鬆。

來到其中一個房間，布置舒適豪華，裡面擺放著一張大床，是頂級的輝煌系列。服務人員仔細介紹它的特色，然後建議至少躺十五到二十分鐘，充分感受。

躺上去，全身猶如被包覆一般，很快就感覺全身舒展，幾乎入睡。連服務人員輕輕離開，也沒有發現。

在這裡，從裝潢、燈光到音樂，都精緻溫馨；並且提供多元風格的商品擺設和房型空間，客人可以選擇不同房型、不同床墊，感受不同的睡眠氛圍。消費者能在私密的頂級空間中，體驗現代人最想擁有的恬靜睡眠。

這是擁有一對一尊榮服務的體驗時光，顧客可以在各門市預約。有人來回試躺四、五次，有人一躺就是幾個鐘頭，也有人躺遍每一張床。無論你希望怎麼嘗試，服務人員都笑咪咪地幫你完成。

立足精品市場
——吸引頂級顧客造訪

為了方便更多民眾體驗，2018年，「席夢思」前進高雄，打造占地122坪、全台最大的品牌概念館。

高雄市立美術館，是台灣三大都會美術館，除了長期展出館藏名家書法作品之外，也是國際當代藝術品的展覽重鎮。館外綠草如茵，矗立著不同風格的雕塑，園區內還有人工湖泊、戶外音樂表演場、螢火蟲復育區等。這裡，結合了藝術、生態、文化、創意，已經成為高雄的高級地段。

高雄席夢思品牌概念館的座落之處，便鄰近這高品質的生活環境。

挑高兩層樓的大廳，一進入就感受到懾人的氣勢。高達兩層樓的logo牆，綻放耀眼奪目的金色光澤，明亮又溫暖，融合在地特色，打造出南部頂級床墊的新天地。

透過優雅環境、細膩服務及完整品項，許多亞洲國家的「席夢思」以旗艦店，吸引金字塔頂端顧客造訪。

二十多年前，新加坡席夢思在繁華的烏節路，開設亞太區首間旗艦店。

1999年，日本席夢思也在匯聚精品名牌的東京日比谷區，開設第一家席夢思品牌旗艦店，目前在日本已有十餘間旗艦店。

旗艦店的成立，正式宣告一個品牌已經在精品市場立足。

Just the essentials.
For beautiful beginnings, begin with the essentials. Treasures you'll enjoy for a long, long time, like a wonderful Beautyrest Brass* bed. Or begin with the Beautyrest mattress. The mattress that stays Forever Firm. It's built with pre-compressed, individually wrapped coils to give you a firm, comfortable mattress that can't sag. The warm glow of a Beautyrest Brass bed and the Forever Firm comfort of the Beautyrest mattress. Just the essentials, from Beautyrest.
SIMMONS
Beautyrest®
FOREVER FIRM
Teflon *DuPont's registered trademark for its soil & stain repellent. Only DuPont makes TEFLON

創意行銷炒熱新場域
——進駐百貨公司

要提高品牌價值，在豪華高級的場所設置零售終端，也是重要的策略之一。台灣席夢思為了迎接高階市場的頂級消費族群，早有完整布局。在品牌概念館之前，第一步是進駐百貨公司。

2005年，為了強力凸顯直營產品和水貨的差異，台灣席夢思決定進駐百貨公司。此時，適逢新光三越信義新天地正要起步，A9專櫃開始招商，台灣席夢思覺得這個跨界創舉是很好的嘗試，於是順利取得設櫃的機會。

不過，要設櫃成功，並不是如此簡單。

回顧當年的購物習慣，消費者到百貨公司大多數是逛美食街，床墊屬於低度關心的居家用品；加上床墊體積大、占空間，百貨公司依坪效考量，「席夢思」連同其他居家用品專櫃，大多設在四到六樓或更高樓層。因此，除非買床的目的明確，否則一般逛街的人不會輕易來到這裡。

台灣席夢思決定主動出擊，吸引消費者上門。

舉辦各式活動是台灣席夢思多年來成功的行銷方法，尤其是體驗式活動。針對頂級客戶的精品行銷，和百貨公司的週年慶、特定節日如母親節等，台灣席夢思舉辦百貨VIP活動「席夢思VIP尊榮預購鑑賞會」，邀請貴賓親臨試躺、試坐。

把專櫃變成峇里島渡假飯店
——白紗帷幔的魅力

一環接一環的創意，就是務必把人群吸引過來。連在賣場的試躺，也有獨到之處。

百貨公司裡人來人往，嘻聲笑語。就這樣橫身躺下，不僅讓許多客人不自在，也因為無法放鬆，難以體驗床墊的優質。

於是，在「席夢思」的活動現場，只見床沿上搭起鐵架，四邊都有白紗帷幔飄然墜下，掩住床裡的風光。如此一來，即使一張床也有獨立的隱密空間，可以讓消費者放鬆地享受舒適的睡眠體驗。

有一年，時任台灣席夢思總經理的曾佩琳到印尼峇里島旅行，入住搭建在半山腰峭壁上的寶格麗渡假村。推開房間後，她驚喜地發現，裡面有一座四柱床，床柱上的鐵架垂掛著白紗，有些自然飄墜，有些收攏在一起，她將白紗全部拉開，細細柔柔，朦朦朧朧，頓時覺得浪漫極了。

她靈感一來，這個高級飯店的布置，就被搬進千里外的台灣百貨公司。

果然，試躺活動盛大升級，人潮一批又一批參與體驗。附帶好處是，活動結束後，鐵架和布幔白紗還可以拆下來重複使用，不浪費任何行銷費用。

從冷清變火熱
——多元活動刺激買氣

台灣席夢思不斷發想創意點子，增加和消費者的互動機會，拉近雙方的關係。2006年，又舉辦「與席夢思共度的幸福時光」徵文比賽，提供價值五十餘萬元的獨立筒枕和床墊為獎品，自然吸引不少人參與活動並抒發內心感想。

透過精品百貨的定位，舉辦各式各樣的活動帶動買氣，席夢思在百貨專櫃把原本不受矚目的床墊產業炒得火熱。

擦亮金色招牌
——議題與產品一起造勢

一向注意社會脈動與睡眠議題的曾佩琳，曾在報紙上看到相關報導，她意識到：失眠的問題，已經成為全球共同關注的社會現象，台灣怎麼能忽視？

也在這時候，席夢思公司革新三環鋼弦獨立筒袋裝彈簧，進而推出黑標系列獨立筒袋裝彈簧床墊，打造最強韌的撐托結構。

於是，台灣席夢思包下SOGO復興館九樓空中花園的中庭廣場，強力推出黑標系列頂級床墊，並且在活動中喊出「321世界睡眠日」，吸引了媒體、貴賓的熱烈迴響。

站在十一樓往下俯瞰，當時大大的金色「S」結合地球圖案與「SIMMONS」字樣的「席夢思」全球通用商標，閃閃發亮，也擦亮席夢思在百貨精品業的招牌。

原本只是重點設櫃，後來，隨著「席夢思」一間一間攻占進駐百貨精品市場，帶動高級床墊業精品化銷售的風潮，許多床墊品牌也跟進，紛紛走入百貨公司設櫃。

2005年，「席夢思」進駐新光三越信義新天地A9之後，陸續在新光三越旗下各館設櫃，隨後進駐SOGO復興館，也攻占各地SOGO百貨設點。目前在全台灣各高檔精品百貨公司已有19個據點，以新光三越、SOGO和大遠百三大精品百貨體系為主。

現今，只要走進百貨公司家居用品樓層，消費者會發現，幾乎二分之一或四分之一櫃位都是床墊，顯示床墊已成為一種流行和時尚的商品，在消費者心目中已突破「使用年限長」的舊有印象。

天使躺在雲朵上
——五星飯店指定

全球各地的頂級旅館體系，包括：知名的W飯店（W Hotel）、威斯汀（The Westin）、喜達屋（Starwood Asia Pacific）、香格里拉（Shangri-La）、凱悅（Hyatt Hotel）、喜來登（Sheraton）、文華東方（Mandarin Oriental）、瑞吉（St. Regis Hotels）、費爾蒙酒店集團

（Fairmont Hotels and Resorts）、香港半島飯店，以及Club Med等頂級飯店和渡假中心等，多選擇席夢思頂級名床。

有些飯店，甚至會訂製特別款式。開幕時曾在台北創造飯店經營焦點的W飯店，總統套房所採用的「天堂之床」，就是美國席夢思在1999年為威斯汀飯店客製的一整組床組，包含被套、寢具及枕頭等。

根據人體工學特別設計的「天堂之床」，共有900個獨立筒、10層舒適層，讓旅客躺在上面，彷彿天使躺在雲朵上，身、心、靈得到徹底放鬆。喜歡的旅客還可以買回家，享受夜夜好眠。

選用「席夢思」的頂級飯店，對席夢思公司來講，不僅是一塊重要的銷售市場，也是最富麗堂皇的體驗場域。

曾佩琳在國內外旅遊時，經常住宿各大國際知名飯店，她發現，這些旅館業的高級品牌，大多採用席夢思床墊。能不能讓消費者也入住選用「席夢思」的五星級飯店，享受渡假般的睡眠氛圍，進而愛上席夢思？

2013年年底，台灣席夢思推出「Journey to BEAUTYREST．席夢思頂級飯店美眠之旅」活動，凡是在「席夢思」各通路購買床墊或

休閒椅，就有機會在東方文華、W飯店等指定使用席夢思床墊的頂級飯店，享受奢華假期。

在台灣的旅遊產業中，擁有美好景觀、精緻裝潢的民宿，可說是最具特色的一部分，也是許多民眾安排假期時的最愛。

2016年，「席夢思」再推出「夢幻美眠假期」活動，在台灣的旅遊勝地精選特色旅宿，合作推出「BEAUTYREST One Night Vacation」。消費者可以輕鬆在島內旅行，同時享受「席夢思」的夢幻美眠。

在美好山水、精緻氛圍及細膩服務中，民眾認識了「席夢思」提供的頂級睡眠，而活動本身，透過與知名品牌互相連結，也不斷宣告「席夢思」的精品地位。

「席夢思」的品牌價值，在金字塔頂端消費客層中，已奠下堅穩的利基。以精品定位的行銷策略，可說是發揮最重要的貢獻。

3 讓更多人實現好眠之夢

日本席夢思董事、海外事業本部長柯王仁說：「沒有消費者，就沒有品牌。對我們來說，最重要的是如何提供消費者好的睡眠品質。」這句話，代表一家企業對消費者的重視。

在台灣，「席夢思」一方面以品牌溢價吸引頂級客層；另一方面，則以不同品項、多元通路，滿足更多族群的需求。

近十年來，「席夢思」的消費群，已明顯由過去四、五十歲的主力目標族群，拓展到三十歲以上的青壯年菁英族群。

細究「席夢思」鎖定的目標族群，可以分成三大類：

一是壯年菁英族群。年齡層在三十歲到三十九歲之間，年收入約新台幣120萬元。

二是注重健康與生活品質的族群。年收入約450萬元，消費潛力雄厚。

三是銀髮族。年齡層在五十五歲到六十四歲之間，年收入約200萬元，屬富裕族群。

為了能夠觸及更多不同族群的顧客，台灣席夢思切出不同的通路，包括：百貨公司精品專櫃、品牌概念館、掛著SIMMONS

BETTERSLEEP標誌的授權經銷專賣店，以及專門從事零售批發的特約店。

而且，每個通路、每家門市的產品不盡相同，各通路保有自己的特色商品，服務自己的特殊客群。

高CP值系列商品
——專賣店獨賣

2018年，台灣席夢思推出系列商品——BETTERSLEEP。這系列相對低價位的入門款，只在經銷專賣店獨賣。

BETTERSLEEP系列商品由席夢思蘇州廠製造，但品質與日本席夢思的產品並駕齊驅，售價相對更具優勢，市場口碑頗佳。

這個策略，也是「席夢思」化危機為轉機的最佳例證。

在專賣店全盛時期，「席夢思」的專賣店多達28家，後來因為水貨低價搶市，壓縮了經銷商的獲利空間，導致部分專賣店退出。

為了拉升品牌價值，時任台灣席夢思總經理的曾佩琳決定讓產品進駐百貨公司，重點設櫃。沒想到，這個做法創造了超出預期的效益，百貨據點大為熱銷，因此愈開愈多，雖然衝出可觀的業績，但對於「席夢思」專賣店也造成二度衝擊。

經銷商極度反彈，認為總公司開直營店搶生意。

曾佩琳苦思，如何保護經銷商的利益。她想到，可以把某些款式床墊的價格下壓，只在專賣店銷售，為他們創造價格優勢。

但台灣席夢思的床墊都由美國、加拿大或日本進口，這些地區的人力成本高昂，反映在價格上，根本沒有降價空間。

直到2015年，日本席夢思百分之百投資的席夢思蘇州廠正式運轉，這個願景終於得以實現。

早在1997年，日本總公司曾經回到中國大陸，設立銷售點及工廠，但因為大環境條件尚未成熟，於是在1999年撤出。在席夢思蘇州廠第一批中國大陸員工中，陳檳被選派隨團隊撤退，到日本席夢思工廠進修。經過十二年長期而嚴格的訓練，他帶著扎實的技術，回到中國大陸重建席夢思蘇州廠。

新的席夢思蘇州廠由日本直接管理監督，總經理也由日本選派。以三年時間，席夢思蘇州廠不斷與原材料供應商進行調整、研發，以確保席夢思蘇州廠出產的床墊，和國外保持相同的品質。

2015年，由席夢思蘇州廠生產的席夢思床墊，終於問市。這之後，每年席夢思蘇州廠都會將床墊送到日本及上海的檢測所各做一次檢測，以保證每一批床墊的品質都達到席夢思公司的嚴格要求。

過去中國大陸製造的商品，普遍有低品質的疑慮；因此，為了讓經銷商相信席夢思蘇州廠的品質，台灣席夢思帶著經銷商到現場參觀，前後兩、三次參訪，實地了解工廠的生產流程及作業品質，絲毫不輸日本，才讓經銷商吃下定心丸。

扭轉品牌形象
——觸及年輕人

CP值高的BETTERSLEEP系列商品，為經銷商創造不少業績；另一方面，因為吸引不少年輕族群，也完成曾佩琳的另一個目標：「我要扭轉形象，讓席夢思不僅是有錢人，也是年輕人會選擇的品牌。」

為了觸及年輕世代菁英，台灣席夢思利用網路社群媒體，例如：

為了擴展市場，台灣席夢思陸續引進上百款獨立筒袋裝彈簧床墊、Fjords富悠休閒椅與沙發，以及多種周邊商品。

建立臉書粉絲專頁、拍攝微電影等方式，進入他們的世界，創造更多互動。

信義新天地，「席夢思」的布旗招牌迎風搖曳。

有一天，曾佩琳到那裡視察。突然，身旁一位擦身而過的年輕女性說著：「我以後一定要買一張『席夢思』。」

聽到這句話，她感動不已。台灣席夢思深耕市場，往下拓展年輕消費族群的努力，顯然已見成效。

全新奢華主義
——品牌概念館、百貨精品館主力

台灣席夢思所引進的多項商品，包括：BEAUTYREST BLACK、BEAUTYREST、BACKCARE、BETTERSLEEP四大系列獨立筒袋裝彈簧床墊。此外，還有電動床、來自挪威的Fjords富悠多款休閒椅和沙發，以及枕頭、蠶絲被、床上織品等周邊商品。

BETTERSLEEP系列商品，不僅是品牌策略，更是結合價格策略和通路策略，讓相對低價的系列商品由專賣店和經銷商特約門市獨賣，和百貨精品專櫃門市區隔。

2007年，台灣席夢思進駐遠東SOGO復興館，以全新奢華主義打造精品床墊市場，引進美國席夢思剛推出的BEAUTYREST BLACK獨立筒袋裝彈簧床墊系列。這張要價50萬元的頂級床墊，徹底擦亮精品品牌。

其他百貨精品館和部分專賣店，也有BEAUTYREST BLACK系列床墊。

另外，台北和高雄兩家品牌概念館，擁有BEAUTYREST BLACK系列三款頂級獨立筒袋裝彈簧床墊的獨賣權，包括：目前最高價位的輝煌和宏觀（Ultimate Grandeur）黑標床墊；以及BACKCARE系列的床墊組，售價數十萬元到近百萬元之譜，打造品牌概念館精品頂級的特色。

台灣設計，加拿大製造
——和樂獨賣聯名款

近年來，愈來愈多品牌推出聯名款。兩個各具風格的品牌互相碰撞，常能引爆新的火花與各種可能性。

2017年，精品龍頭LV和潮牌霸主Supreme推出聯名款，震驚時尚界，獲得大量媒體、社群媒體曝光。藉著這次合作，LV也贏得更多年輕人的心。

2015年的台灣，「席夢思」和以家飾家具銷售為主的和樂名品（HOLA CASA）家具也共同宣布，在全台18家和樂名品門市推出「席夢思・和樂名品家具聯名款」床墊。

和樂名品是台灣最大的寢飾家具通路、以高級床具為業務主力的連鎖商店。當年在台北、新竹和台南新設門市時，引進「席夢思」產品，雙方一拍即合，和樂名品立刻成為「席夢思」的特約經銷商。

聯名款的特色，可以說是台灣設計、加拿大製造。

合作團隊針對台灣消費者的偏好設計，加粗了獨立筒鋼線、加強支撐性、強化側邊結構，而且採用全面防蟎、抗菌處理的材質，在亞熱帶氣候的台灣，也不必擔心潮濕悶熱降低床墊使用年限。至於布花，則由和樂名品精選、搭配。

最後，雙方聯手打造出四款適合台灣消費者的床墊，並且親赴席夢思加拿大原廠，經過幾番溝通、討論和測試，生產出獨家販賣的聯名床墊。

差異化的通路銷售政策，讓席夢思床墊成為和樂名品的銷售主力，進而推升「席夢思」的銷售業績，創造了雙贏。

布建批發零售市場
——擴增特約經銷商

台灣席夢思當年以最快速度廣設專賣店，獲得豐碩成果後，2004年，開始在專賣店無法觸及的區域，補強通路，在全台灣各地尋找特約經銷商，以批發零售的方式銷售床墊。

這些經銷商都是以銷售家具寢具為主的商店，但是在經營理念、合作條件、通路形象、銷售方式等面向，都必須符合台灣席夢思的標準。和樂名品即是最好的例子之一，在台灣席夢思的特約店數占比高達一半以上。

如今，「席夢思」據點多達七十餘處，遍布全台灣各主要都市，包括：20家專賣店、20家百貨門市、2家品牌概念館和33家特約店。

對於市場的布局，台灣席夢思總經理楊鎧嘉以經常被運用在市場行銷策略的「側面攻擊」（flank attack strategy）形容。一方面，以百貨及品牌概念館提高「席夢思」品牌在台灣市場的「精品床墊」定位，並服務頂端消費客層；另一方面，透過差異化通路，往下滲透平價、中價市場，再往上提升，鞏固頂級高價市場，提高「席夢思」品牌在台灣的市場深度及廣度。

藉由這種通路銷售策略，台灣席夢思成功在品牌及顧客之間，取得雙贏。

結語

打造美眠的尺度

一位個子嬌小的金髮競技體操女選手，倒立在席夢思床墊上，伸展、平衡。

這是1979年為冬季奧運會暖身的廣告。畫面中，搭配著三張體操動作的照片和文字說明，凸顯出BEAUTYREST獨立筒袋裝彈簧床墊各自獨立、不相互干擾、支撐良好、符合身體曲線的特性。

不只是床墊
——承載身體與生命的重量

為了幫助來自世界各地的頂尖運動員，能在睡眠時獲得包覆和撐托，在深沉的睡眠中恢復活力，美國席夢思提供800床BEAUTYREST床墊給美國代表隊使用。

這一年，是第十三屆冬季奧運會，距離第一屆舉辦的1924年，已經超過半世紀。當時，BEAUTYREST獨立筒還沒有誕生。

1925年，BEAUTYREST獨立筒袋裝彈簧床墊才正式問世，為人類的睡眠史寫下新的篇章。

身為床墊業的領導品牌，台灣席夢思深刻體認到，一張舒適、符合人體力學的好床，絕對不只有滿足「美眠」的功能，更承載從個人健康、家庭關係、生活美學，乃至人生理想等超越「床墊」的多重層面。

睡眠不足有礙健康
——心血管疾病與肥胖的危險因子

「睡愈少，愈短命。」

名聞世界的神經科學家暨睡眠專家沃克（Matthew Walker），在《為什麼要睡覺？：睡出健康與學習力、夢出創意的新科學》一書中，提出了這個驚人的結論。

「如果每晚睡覺的時間常常少於六、七個小時，你的免疫系統會遭受破壞，罹患癌症的風險也會提高到兩倍以上。至於你是否會得到阿茲海默症，生活方式上的一個關鍵因子就是睡眠不足。

「即使只是連續一週睡眠稍微減少，就會干擾血糖濃度，程度之大足以被診斷為糖尿病前期。睡眠太少會提高冠狀動脈堵塞和脆化的可能，讓你朝向心血管疾病、中風、鬱血性心衰竭之路邁進。

「席夢思」長年呼籲人們重視睡眠，品牌概念館的設立，讓民眾有機會親身體驗優質睡眠。（由左至右依序為理律法律事務所合夥律師蔡瑞森、時尚名人穆熙妍、日本席夢思社長伊藤正文、日本席夢思董事兼海外事業本部長柯王仁、時任台灣席夢思總經理曾佩琳）

「或許你也注意到，自己在疲倦的時候會想吃更多東西？這不是巧合。睡眠太少時，讓你感到飢餓的激素濃度會提升，而另一種告訴我們已經吃飽的激素會受到抑制。雖然你已經飽了，卻還想再吃。

「睡眠不足，保證體重增加，對成人和兒童都一樣。還有更糟的：如果你嘗試節食，卻又睡得不夠，會讓你的努力白費，因為減掉的大部分體重會來自肌肉，而非脂肪。」

沃克甚至指出：「缺乏睡眠有沒有可能會殺人致死？答案是『會』。」

睡出健康

——呼應「世界睡眠日」推廣睡眠醫學

1930年，美國席夢思資助位於美國賓夕法尼亞州匹茲堡的梅隆工業研究所首項睡眠科學研究，對後世影響深遠。

此外，早在1946年，席夢思公司即成立睡眠研究基金會（The Sleep Research Foundation），致力於為睡眠科學方面建立龐大的研究計畫，從生理和醫學的角度，對睡眠進行客觀研究。睡眠是如此重要，「為睡眠而生」、「專為睡眠而打造」，幾乎成了席夢思公司的座右銘。

台灣席夢思也自2008年起，每年贊助台灣睡眠醫學學會，進行台灣睡眠議題研究與推廣。這是為了呼應世界睡眠協會（World Sleep Society, WSS）在同年開始推動的「世界睡眠日」（World Sleep Day）活動。

「世界睡眠日」為了喚起人們對睡眠重要性和睡眠品質的關注，發起一項促進睡眠和健康的全球性計畫，就藥物、教育、社會等和睡眠有關的重要議題及研究報告，進行研討，藉以喚醒並推廣健康睡眠的重要，提升人類睡眠品質。

「世界睡眠日」每年有不同主題，例如，2020年打出的口號是「打造更好的睡眠（Better Sleep）、更好的生活（Better Life）、更好的地球（Better Planet）」。

一年一度的「世界睡眠日」，選在每年春分（Vernal Equinox）之前的星期五舉行。

春分，在西洋曆法中是指春天的第一天（東方則是立春），太陽直射赤道，日夜等長，通常落在3月21日或前後兩日。

由於週期性的季節變換，晝夜交替規律的改變影響人們的睡眠，進而影響生活。因此，「世界睡眠日」在春分之前提醒世人重視睡眠，更加別具意義。

台灣睡眠醫學學會成立的「睡眠321」（Sleep321）部落格，委託政大睡眠實驗室管理及執行，就是台灣席夢思贊助的成果之一。

透過網路，台灣睡眠醫學學會與台灣席夢思一方面傳遞最新、最具指標性的臨床醫學建議、正確的睡眠知識、睡眠保健習慣，推廣睡眠醫學；另一方面，提供「失眠症自我評估量表」，由專家檢測評估，協助民眾了解自己的睡眠情況。

化解疏離親情關係
——提倡睡前說說話

「睡眠」不只和個人的健康有關，也和人與人之間的關係有關。台灣席夢思發現，睡前若能和家人、伴侶面對面交流，不僅有助於正向情緒感受，更能夠促進伴侶與家庭的親密關係，有助於化解現代社會人際關係疏離的現象。

每晚在床邊為孩子說一段故事，或者小時候聽著爸媽說故事，不知不覺進入夢鄉的回憶，心裡頭總會湧起難以取代的甜蜜。那是無可取代的親情與愛，是深藏在我們心底珍貴的人生資產。

「小凱的媽媽是忙碌的上班族，每天加班到凌晨才回家。為了想聽媽媽說床邊故事，小凱在被窩裡藏了一個小鬧鐘，固定凌晨一點叫他起床。直到幼稚園老師跟媽媽說小凱上課打瞌睡，媽媽才恍然大悟，決定每天早點回家陪孩子說說話。」

這是台灣席夢思2014年推出的《睡前說說話 —— 床邊故事》微電影，搭配全台灣席夢思百貨門市，精心特製的大型故事屋，提醒人們每晚睡前都要記得多和家人說說話，感動不少家長，成功傳達「睡前說說話，是美夢的開始」的雙關意涵：一是睡眠的美夢，另一則是關係的美夢。

台灣席夢思總經理楊鎧嘉指出，「有了美好睡眠，人生才能夠充滿活力，對社會投注正面能量。」

從作夢到逐夢
——鼓勵人們勇於想像未來

人類的夢，不只是讓精神分析學家佛洛伊德及榮格視為通往內心橋梁的象徵，也可以指「夢想」，對於未來的想像。延續「睡前說說話」活動，台灣席夢思在2015年發起「頂級好眠圓夢計畫」，提供基金鼓勵國人勇於實踐夢想。

《讓天賦自由》作者羅賓森（Ken Robinson）指出，人之所以為人的獨特之處，就來自於想像力。想像力是人類所有特殊成就的來源，它與現實之間的關係既複雜又深刻，也相當程度決定了我們能否尋得天命。

第一名的夢想得主陳虹朱，以「用生命跳舞——藝術文創教室」為主題，希望在貧富差距及教育斷層下，藉由自己的能力，教授弱勢族群擁有一技之長，推動身心障礙創業輔導，將所能全部回饋社會，與他人連結。

此外，在數位影音時代，台灣席夢思也延續微電影畫面的力量，激發熱情與夢想。

「一對熱愛甜點的情侶，夢想要開一家甜點店，兩人為彼此的夢想各自努力上班賺錢、上烘焙課……，為兩人的未來一起『作作夢』，最終擁有屬於兩人的法式甜點店。」

這是台灣席夢思推動夢想計畫的一部微電影《一起作作夢》的劇情，敘述一個微小卻真實感人的夢想，喚醒人們遺忘已久的夢想，提醒鼓勵年輕人「寧可為夢想而忙碌，不要為忙碌而失去夢想」。

從入眠到逐夢，台灣席夢思鼓勵人們，充分發揮想像力，為理想圓夢。

從睡眠到五感美學

——以品味撫觸身心靈

或許有人會問：「能睡著就好，心情好壞有什麼差別？」

在「睡眠321」部落格中，台北醫學大學附設醫院睡眠中心臨床心理師詹雅雯，在一篇題為「你（妳）聽說過失眠制約嗎？」的分析中指出：

當失眠者在床鋪、臥室、夜晚，反覆經驗睡不著的焦慮不安、憤怒、無助感，這些負面的情緒反應就會日積月累地慢慢與睡眠時間和環境形成連結，讓本來應該是回家休息、放鬆的夜晚、舒適好眠的床鋪，變成了充滿挫折感的漫漫長夜。

為了幫助人們營造良好的睡眠心緒，自2017年起，台灣席夢思連續三年推出「悅心之旅」系列活動，以講座和體驗的方式，如：古典音樂會、品酒會等，創造以視覺、聽覺、嗅覺、味覺和觸覺的五感享受，體會生活中美好事物的機會。

睡眠是一天當中，五感得以全面放鬆、進入深沉休息的時刻。席夢思床墊除了讓人能夠暫時放下工作的忙碌，使緊繃的身心感官得以紓壓與釋放，進而擁有美好睡眠之外，台灣席夢思更致力於以各種身心靈感官饗宴，透過五感及生活品味，與顧客共同體驗優雅美學的品牌精神。

「品味是讓事物呈現最佳樣貌的能力，」《品味，從知識開始》作者水野學的這句話，不僅精準詮釋品味的重要，也彰顯了台灣席夢思以有形床墊為起點，提升到以無形品味撫觸身心靈的精神尺度。

發起捐贈活動做公益
——讓更多人睡得更好

台灣席夢思以「讓更多人有能力買一個好眠」為出發點，發起捐贈活動，伸出觸角，以一張好床墊，幫助有失眠困擾的患者甚至身心障礙者，順利入眠。

自2006年起，台灣席夢思即以捐名床義賣的行動，將所得捐贈給醫院的睡眠醫學中心，幫助有失眠困擾的病患，以及經常臥床的身心障礙者。因為他們與床鋪的接觸時間相當長，更需要有一個完美的支撐、透氣的床墊，才能安適入睡，避免褥瘡等狀況發生。

此外，2017年12月3日的「國際身心障礙者日」，台灣席夢思也捐贈累計超過兩百張的席夢思名床，進入台北市和桃園地區的醫院、啟智教養院、智能發展中心等十餘所機構，送出的床墊價值上千萬元，讓社會各階層的不同族群，能夠受惠於「席夢思」多年來不斷追求床墊技術與工藝精湛的成就。

台灣席夢思「悅心之旅」系列活動，以講座和體驗的方式，創造視覺、聽覺、嗅覺、味覺和觸覺的五感享受。

以「人」為尺度
——不斷超越想像的未來之床

「如果能夠製造出品質好、價格又平易近人的彈簧床，那麼數以百萬計的民眾，將會得到更好的睡眠品質。」（...if good bedsprings were made affordable, millions of people would make every effort to buy a good night's sleep.）

1876年，創辦人席夢思帶領九位人力，投入以機器製造彈簧床墊時，秉持的就是這個初衷。

「席夢思」自創立至今，已與「床的演進」劃上等號。即便一個世紀過去了，人類的文明已進入日新月異的快速發展階段，「席夢思」仍然以「選材」、「工藝」和「傳承」三大堅持，在世人的心目中閃閃發光。

古希臘哲學家普羅達哥拉斯（Protagoras）說：「人是萬物的尺度。」

百餘年來，「席夢思」始終以「人」為尺度，不斷打造出一張張貼合人體曲線與睡眠習慣的床墊。

例如，注意到美國人平均身高更高了，發展出加大尺寸的標準床墊；或者，因應現代人緊張的生活節奏，研發出強調上背、腰、臀、大腿、小腿五區撐托護脊功能的護脊床墊等，不斷追尋能夠為「人」創造不受干擾的深沉睡眠體驗。

台灣席夢思呼應「世界睡眠日」推廣睡眠醫學，並提倡睡前說說話，以化解現代社會疏離的人際關係，更鼓勵人們勇於想像未來，「從作夢到逐夢」，甚至以五感美學和品味撫觸身心靈，每一個用心，都圍繞著「人」的睡眠需求，以「人」為關懷的對象。

在時間的長河中，「席夢思」將品牌的地位推向「打造美眠的尺度」境界，激發人們的無限期待，一次又一次地迎接，超越想像的未來之床。

國家圖書館出版品預行編目(CIP)資料

席夢思：百年美眠巨擘傳奇 / 傅瑋瓊著. -- 第一版.
-- 臺北市：遠見天下文化, 2020.09
面； 公分. -- (財經企管；BCB710)
ISBN 978-986-5535-63-6（精裝）

1.席夢思公司（Simmons） 2.企業經營 3.傳記

494.1 109012648

財經企管 BCB710

席夢思

百年美眠巨擘傳奇

作者 — 傅瑋瓊

企劃出版部總編輯 — 李桂芬
主編 — 羅玳珊、李偉麟
責任編輯 — 李美貞（特約）
美術設計 — 張議文
攝影 — 林衍億（封面、P.19、132、161、194）
圖片提供 — 台灣席夢思（P.31、39、46、55、58、65、97、98、123、131、140、147、155、169、181、188、202、211）
圖片來源 — Shutterstock（P.24-25、72-73、118-119、164-165）

出版者 — 遠見天下文化出版股份有限公司
創辦人 — 高希均、王力行
遠見・天下文化・事業群　董事長 — 高希均
事業群發行人／CEO — 王力行
天下文化社長 — 林天來
天下文化總經理 — 林芳燕
國際事務開發部兼版權中心總監 — 潘欣
法律顧問 — 理律法律事務所陳長文律師
著作權顧問 — 魏啟翔律師
地址 — 台北市 104 松江路 93 巷 1 號 2 樓
讀者服務專線 —（02）2662-0012
傳真 —（02）2662-0007；2662-0009
電子郵件信箱 — cwpc@cwgv.com.tw
郵政劃撥 — 1326703-6 號　遠見天下文化出版股份有限公司
出版登記 — 局版台業字第 2517 號

電腦排版 — 立全電腦印前排版有限公司
製版廠 — 中原造像股份有限公司
印刷廠 — 中原造像股份有限公司
裝訂廠 — 中原造像股份有限公司
總經銷 — 大和書報圖書股份有限公司 電話／(02)8990-2588
出版日期 — 2020 年 09 月 04 日第一版第 1 次印行

定價 — 新台幣 420 元
ISBN — 978-986-5535-63-6
書號 — BCB710
天下文化官網 — bookzone.cwgv.com.tw